高等职业教育云计算系列教材

U0150163

云计算平台搭建与维护
（基于 OpenStack 和 Kubernetes）
（微课版）

余承健　洪　洲　时东晓　主　编
杨得新　梁锦雄　黄人薇　副主编

电子工业出版社

Publishing House of Electronics Industry

北京·BEIJING

内 容 简 介

本书基于 OpenStack Rocky 版本，介绍云计算平台搭建与维护，并基于 Kubernetes v1.20.6 版本介绍容器云搭建与维护。本书共 5 章，分别介绍基础知识、虚拟化技术、OpenStack 云计算平台搭建与维护、Docker 技术和 Kubernetes 容器云搭建与维护。

本书配有微课视频，读者可以使用手机等移动设备扫描书中的二维码进行观看。此外，本书还配有 PPT、源代码、网络课程、实训指导书（实训指导书中也配有微课视频）等教学资源，读者可以登录华信教育资源网（www.hxedu.com.cn）免费注册后下载。

本书可作为高等职业院校、应用型本科院校云计算技术与应用专业的专业课教材，也可供学习 OpenStack 和 Kubernetes 等相关技术的人士参考。

图书在版编目（CIP）数据

云计算平台搭建与维护：基于 OpenStack 和 Kubernetes：微课版/余承健，洪洲，时东晓主编. —北京：电子工业出版社，2022.2

ISBN 978-7-121-42856-2

Ⅰ. ①云⋯ Ⅱ. ①余⋯ ②洪⋯ ③时⋯ Ⅲ. ①云计算－高等学校－教材②Linux 操作系统－程序设计－高等学校－教材 Ⅳ. ①TP393.027②TP316.85

中国版本图书馆 CIP 数据核字（2022）第 021698 号

责任编辑：薛华强
印   刷：北京天宇星印刷厂
装   订：北京天宇星印刷厂
出版发行：电子工业出版社
　　　　　北京市海淀区万寿路 173 信箱　　邮编：100036
开   本：787×1 092　1/16　印张：13.75　字数：388 千字
版   次：2022 年 2 月第 1 版
印   次：2024 年 1 月第 5 次印刷
定   价：45.00 元

凡所购买电子工业出版社图书有缺损问题，请向购买书店调换。若书店售缺，请与本社发行部联系，联系及邮购电话：（010）88254888，88258888。

质量投诉请发邮件至 zlts@phei.com.cn，盗版侵权举报请发邮件至 dbqq@phei.com.cn。

本书咨询联系方式：（010）88254569，xuehq@phei.com.cn，QQ1140210769。

/前　言/

随着互联网技术的迅速发展，在网络中传输的海量数据有了新的应用需求，而传统的技术已无法满足当前的需要，在这种背景下，云计算应运而生。

云计算自 2006 年由 Google 首席执行官 Eric Schmidt 正式提出，发展至今已有十多年。如今，云计算已成为 IT 业界出现频率最高的热门词语之一。短短几年间，云计算已经从一个概念，渐渐形成产品，并融入我们的日常生活中。面对高性能、大数据、高可靠的信息处理需求，基于分布式处理、网络存储、虚拟化、负载均衡等技术，以及按需、易扩展的 IT 资源交付与服务模式的云计算技术已在金融、气象、电子商务、政务、医疗、企业管理等领域被广泛采用。鉴于此，云计算必将呈现出巨大的产业发展活力和人才需求。国务院于 2015 年印发的《关于促进云计算创新发展培育信息产业新业态的意见》指出：鼓励普通高校、职业院校、科研院所与企业联合培养云计算相关人才，加强学校教育与产业发展的有效衔接，为云计算产业发展提供高水平智力支持。2015年 10 月，教育部将"云计算技术与应用"专业列入高职专业目录。

云计算作为一种新兴技术，使得大量的应用运行在云端，许多企业、高校和政府部门也会根据实际需求建立自己的私有云。这些私有云可以在企业内部根据不同的部门、不同的业务或不同的租户来定制和分配所需的资源。虚拟化是云计算的底层技术和核心内容，能够有效地整合资源、降低能耗，并充分提高硬件的利用率，此外，虚拟化还能简化管理，提高数据中心的容灾能力。在众多的虚拟化产品中，OpenStack 因其"开源、开放、免费"的特点受到了广泛关注，OpenStack 是开源云计算项目，由来自世界各地的组织和个人共同开发和维护。OpenStack 最初是一个 IaaS 平台，但随着项目的不断发展，现在也支持数据库、负载均衡等服务。在实际应用中，开发者仅需投入很少的费用就能建设一套低成本、不受厂商技术绑定、不侵犯知识产权的虚拟化或私有云平台。

Kubernetes 是由谷歌开源的容器集群管理系统，为容器化应用提供了资源调度、部署运行、服务发现、扩缩容等一整套功能。Kubernetes 也是将"一切以服务（Service）为中心，一切围绕服务运转"作为指导思想的创新型产品，它的功能和架构设计自始至终地遵循了这一指导思想。构建在 Kubernetes 上的系统不仅可以独立运行在物理机、虚拟机集群或企业私有云上，也可以被托管在公有云上。

本书基于 OpenStack Rocky 版本，介绍云计算平台搭建与维护，并基于 Kubernetes v1.20.6 版本介绍容器云搭建与维护。本书共 5 章，分别介绍基础知识、虚拟化技术、OpenStack 云计算平台搭建与维护、Docker 技术和 Kubernetes 容器云搭建与维护。

本书由广州城市职业学院的余承健、洪洲、时东晓担任主编，杨得新、梁锦雄、黄人薇担任副主编。

　　本书配有微课视频，读者可以使用手机等移动设备扫描书中的二维码进行观看。此外，本书还配有 PPT、源代码、网络课程、实训指导书（实训指导书中也配有微课视频）等教学资源，读者可以登录华信教育资源网（www.hxedu.com.cn）免费注册后下载。

　　虽然我们精心组织，努力编写，但书中的疏漏和不妥之处在所难免，敬请广大读者批评指正。

编　者

目 录

CONTENTS

第 1 章　基础知识·········· 1

1.1　网络基础··········· 1

1.1.1　网络体系结构与 TCP/IP 协议····· 1

1.1.2　CentOS 网络配置······ 3

1.1.3　ip 命令········· 5

1.2　存储技术·········· 8

1.2.1　存储技术概述······ 8

1.2.2　LVM··········· 9

1.2.3　NFS·········· 16

1.2.4　iSCSI········· 18

第 2 章　虚拟化技术········ 23

2.1　虚拟化的概念········ 23

2.2　网络虚拟化········· 24

2.2.1　Linux 网桥······ 24

2.2.2　Open VSwitch····· 25

2.3　CentOS 的虚拟化······ 28

2.3.1　QEMU/KVM······ 28

2.3.2　创建虚拟机······ 30

2.3.3　虚拟机管理······ 34

2.3.4　虚拟机存储······ 40

2.3.5　虚拟机网络······ 46

2.4　Overlay 网络········ 52

2.4.1　VXLAN 技术······ 52

2.4.2　GRE 技术······· 55

第 3 章　OpenStack 云计算平台搭建与
　　　　维护··········· 59

3.1　云计算概述········· 59

3.2　OpenStack 简介······· 60

3.3　安装 OpenStack······· 61

3.3.1　环境准备······· 61

3.3.2　基础服务和软件安装··· 66

3.3.3　安装 Keystone····· 68

3.3.4　安装 Glance······ 71

3.3.5　安装 Nova······· 73

3.3.6　安装 Neutron····· 78

3.3.7　安装 Dashboard···· 85

3.3.8　创建实例······· 86

3.3.9　安装 Cinder····· 101

3.3.10　安装 Swift····· 103

3.4　OpenStack 云计算平台维护··· 109

3.4.1　命令行工具概述···· 109

3.4.2　管理域、用户、角色和
　　　　Endpoint······ 110

3.4.3　镜像管理······ 113

3.4.4　网络管理······ 113

3.4.5　实例管理······ 117

3.4.6　存储管理······ 120

第 4 章　Docker 技术······ 123

4.1　Docker 概述········ 123

4.1.1　容器与 Docker···· 123

4.1.2　安装 Docker····· 124

4.2　镜像操作········· 127

4.3　搭建私有镜像仓库····· 129

4.3.1　registry 镜像···· 129

4.3.2　Harbor········ 130

4.4　容器操作········· 131

4.5　容器的存储········ 134

V

4.6 容器的网络 ························· 135

4.7 自定义镜像 ························· 137

    4.7.1 使用 Dockerfile 创建镜像 ··· 137

    4.7.2 使用 docker commit 命令创建

          镜像 ··························· 140

第 5 章 Kubernetes 容器云搭建与

维护 ····························· 143

5.1 Kubernetes 介绍 ·················· 143

    5.1.1 Kubernetes 简介 ············ 143

    5.1.2 Kubernetes 集群的组成 ····· 144

5.2 安装 Kubernetes 集群 ············ 146

5.3 Pod ······························ 150

    5.3.1 资源、对象与命名规则 ······· 150

    5.3.2 运行和管理 Pod ············· 152

    5.3.3 Pod 存储 ·················· 158

5.4 Service ··························· 165

    5.4.1 端口转发 ·················· 165

    5.4.2 端口暴露 ·················· 166

    5.4.3 Service 概述 ··············· 167

5.4.4 ClusterIP 型 Service ········· 168

5.4.5 ExternalName 型 Service ····· 170

5.4.6 NodePort 型 Service ········· 171

5.4.7 LoadBalancer 型 Service ····· 171

5.4.8 Ingress ···················· 172

5.4.9 Headless Service ············ 173

5.5 Pod 副本控制 ···················· 173

    5.5.1 Deployment ··············· 173

    5.5.2 StatefulSet ················· 176

    5.5.3 DaemonSet ················ 178

5.6 ConfigMap ······················ 179

5.7 Secret ···························· 183

5.8 Pod 安全 ························· 189

    5.8.1 安全上下文 ················ 189

    5.8.2 Kubernetes API 访问控制 ···· 191

5.9 资源管理 ························· 197

5.10 Pod 调度 ······················ 203

5.11 综合应用：部署 Wordpress ····· 209

参考文献 ···························· 214

## 第 1 章

基础知识

微课视频

1.1 网络基础

1.1.1 网络体系结构与 TCP/IP 协议

1. 分组与分层

无处不在的网络给人们的生活和工作带来了极大的便利。用户使用网络时，感觉非常便捷、简单，但网络背后的数据通信问题却是非常棘手的。为了解决这个复杂的问题，从事网络研究的专家们引入了两个重要的概念：分组和分层。

（1）分组。数据在网络中传输时，会在很多节点中进行处理。如果每次处理的数据块的大小相差很大，则网络设计难以平衡。例如，如果依据网络中可能存在的最大的数据块设计网络，则在处理小数据块时会非常浪费网络资源；如果只考虑处理小数据块，则不利于处理大数据块。要想很好地解决这个问题，就需要对数据进行分组。数据分组后，数据块的大小可以被控制在一定的范围内，最大的数据块和最小的数据块的大小就不会相差太多。分组后，每个分组都带有数据和相应的控制信息，能够在网络中独立传输，目标节点接收到所有分组后，再将其重新组装成原来的数据。

（2）分层。数据在网络中传输时需要解决很多问题，如寻址、容错、可靠性等。分层的本质是将一个大的复杂的问题分解成若干小问题，以便更好地解决。分层后，层与层之间是相对透明的，上下层之间无须关心具体的传输细节，只要知道层与层之间的接口就可以了。

两个最典型的分层模型是 OSI 参考模型和 TCP/IP 模型。OSI 参考模型停留在理论层面，并没有投入实际应用，而后出现的 TCP/IP 模型却成为应用较广泛的网络模型。

2. TCP/IP 模型

TCP/IP 模型分为四层，从上到下分别是应用层、传输层、网络层和网络接口层，TCP/IP 模型的结构如图 1-1 所示。

（1）应用层。应用层定义了具体的网络应用、数据格式等内容。

（2）传输层。传输层用于实现端到端的数据传输。计算机网络中的数据传输是在两个进程（可能位于不同的主机，也可能位于同一主机）之间进行的，传输层负责将数据传输到目标进程。

要实现端到端的数据传输，必须对通信的进程进行编址，在 TCP/IP 协议中，进程的编址就是端口号，是一个 16 位的二进制整数。

应用层
传输层
网络层
网络接口层

图 1-1 TCP/IP 模型的结构

传输层有两个协议：TCP 协议和 UDP 协议，分别用于实现有连接的可靠传输和无连接的不可靠传输。有连接的传输可以确保数据到达目标进程，而无连接的传输不关心数据是否到达目标进程。

1）TCP 协议。TCP 协议的首部结构如图 1-2 所示。

0	15 16	31
源端口		目的端口
序号		
确认号		
首部长度(4bit) · 保留(6bit) · U R G · A C K · P S H · R S T · S Y N · F I N		窗口大小
校验和		紧急指针
选项(最多 40 字节)		

图 1-2　TCP 协议的首部结构

在 TCP 协议的首部结构中，前面两个字段分别是源端口号（长度为 16 位）和目的端口号（长度为 16 位），用于进程的寻址。

因为 TCP 协议要实现有连接的传输，所以采取的办法就是为每个数据报文添加编号，首部中的序列号实现了这一功能。

接收端根据序列号判断数据是否全部到达，并给发送端反馈相应的信息。确认号用于确认收到的数据序列号。

TCP 协议是面向连接的协议，在传输数据前必须先建立连接。建立连接的过程俗称三次握手。数据传输完成后必须断开连接，断开连接的过程俗称四次挥手。

2）UDP 协议。UDP 协议的首部结构如图 1-3 所示。

0	15 16	31
源端口		目的端口
报文长度		校验和

图 1-3　UDP 协议的首部结构

UDP 协议的首部结构比较简单，值得关注的是源端口号和目的端口号。虽然 UDP 协议不能确保数据的传输，但开销比 TCP 协议小，因此 UDP 协议有其特定的应用场合。

（3）网络层。网络层用于实现主机的寻址，即确保数据传输到目标主机。网络层的主要协议包括 IP 协议和 ICMP 协议。

1）IP 协议。

网络层用于实现主机之间的数据传输，网络层给每台主机分配了唯一的地址，即 IP 地址。

IP 地址是一个 32 位的二进制整数。一个 IP 地址可以分成两部分：网络地址和主机地址。网络地址负责在不同网络之间寻址，主机地址负责在同一网络内的主机之间寻址。

网络层的数据被称为 IP 数据报，IP 数据报的首部结构如图 1-4 所示。

0		15 16	31
版本 · 首部长度	服务类型	总长度	
标识		标志	片偏移
生存期	协议类型	校验和	
源 IP 地址			
目的 IP 地址			
选项			

图 1-4　IP 数据报的首部结构

2）ICMP 协议。

在网络层中，IP 协议没有报错功能，因此增加了 ICMP 协议，用于查询信息和报告错误。ICMP 报文通过类型和代码表示各种信息和错误。常见的 ICMP 类型和代码如表 1-1 所示。

表 1-1　常见的 ICMP 类型和代码

类型	代码	描　　述	查询信息	报告错误
0	0	Echo Reply 表示回显应答（ping 应答）	√	
3	0	Network Unreachable 表示网络不可达		√
3	1	Host Unreachable 表示主机不可达		√
3	2	Protocol Unreachable 表示协议不可达		√
3	3	Port Unreachable 表示端口不可达		√
3	6	Destination Network Unknown 表示目的网络未知		√
3	7	Destination Host Unknown 表示目的主机未知		√
8	0	Echo Request 表示回显请求（ping 请求）	√	
12	1	Required Options Missing 表示缺少必要的选项		√
17	0	Address Mask Request 表示地址掩码请求	√	
18	0	Address Mask Reply 表示地址掩码应答	√	

ICMP 协议本身并不复杂，但实际应用较多，如 ping 命令、路由跟踪等。

（4）网络接口层。TCP/IP 模型没有定义网络层以下的实际内容，只定义了一个接口。通过这个接口，TCP/IP 模型可以使用底层协议提供的链路范围内的数据传输服务。TCP/IP 模型可以支持多种链路层协议，如以太网协议、PPP 协议、无线网协议、ATM 协议、X.25 协议等，最常用的协议是以太网协议。

由于历史原因，以太网协议比较多。1980 年，DEC 公司、Intel 公司和 Xerox 公司共同制定了 Ethernet I 协议。1982 年，这几家公司又共同制定了 Ehternet II 协议。Ehternet II 协议的帧格式比较简单，如图 1-5 所示。1985 年，IEEE 推出 IEEE 802.3 协议，但为了解决 Ethernet II 与 802.3 的兼容问题，IEEE 后续推出了 Ethernet SNAP 协议。

目的 MAC（6 字节）	源 MAC（6 字节）	类型（2 字节）	数据	CRC（4 字节）

图 1-5　Ehternet II 协议的帧格式

以太网通过定义 MAC 地址，实现了链路范围内的寻址和数据传输。

TCP/IP 协议为了兼容以太网的接口，定义了 ARP 协议，将 IP 数据报的源 IP 地址和目的 IP 地址解析为源 MAC 地址和目的 MAC 地址。

说明：目的 IP 地址和目的 MAC 地址不一定是对应关系，如果"源"和"目的"在同一个网段，则目的 IP 地址和目的 MAC 地址是对应关系，如果"源"和"目的"不在同一网段，则目的 MAC 地址为网关的 MAC 地址。

1.1.2　CentOS 网络配置

1. 网卡命名

自 CentOS 7 开始，采用一致性网络设备命名（Consistent Network Device Naming）规则。按照一致性网络设备命名规则，如果从 BIOS 中能够获取可用的板载网卡的索引号，则使用形如 eno1 的名称；如果从 BIOS 中能够获取可用的网卡所在的 PCI-E 热插槽的索引号，则使用形如 ens1 的名称；如果能找到设备所连接的物理位置的信息，则使用形如 enp2s0 的名称；如果找不到以上信息，则采用传统的形如 eth0 的名称。

网卡名称的前两个字母代表接入网络类型，如 en 表示 Ethernet，wl 表示 WLAN。

2．网卡配置

在/etc/sysconfig/network-scripts 目录中，可以找到网卡配置文件，文件名称为"ifcfg-<网卡名>"形式。

网卡配置文件的内容使用"关键字=值"的形式，其中的关键字要大写。

网卡配置文件的主要项目如下。

➢ DEVICE：网卡的设备名称，对应网卡的物理名称。
➢ NAME：网卡设备的别名，即连接名称。
➢ TYPE：网络类型，Ethernet 代表以太网，Bridge 代表网桥。
➢ BOOTPROTO：引导协议，static 表示静态，dhcp 表示动态获取、none 表示不指定。
➢ DEFROUTE：是否启动默认路由，yes 表示启动，no 表示不启动。
➢ IPV4_FAILURE_FATAL：是否启动 IPv4 错误检测，yes 表示启动，no 表示不启动。
➢ UUID：网卡设备的 UUID 唯一标识号。
➢ ONBOOT：开机是否启动网卡，yes 表示启动，no 表示不启动。
➢ DNS1：DNS 服务器的 IP 地址，可以多设置多个 DNS 服务器，分别用 DNS1、DNS2 等表示。
➢ IPADDR：网卡的 IP 地址。
➢ PREFIX：子网前缀长度。
➢ GATEWAY：默认网关 IP 地址。
➢ NETMASK：子网掩码，与 PREFIX 的作用相同，只能选择二者中的一项。

下面举例说明，代码如下：

```
# vi /etc/sysconfig/network-scripts/ifcfg-ens33
TYPE=Ethernet
BOOTPROTO=static
DEFROUTE=yes
IPV4_FAILURE_FATAL=no
NAME=ens33
DEVICE=ens33
ONBOOT=yes
IPADDR=192.168.9.100
GATEWAY=192.168.9.2
DNS1=192.168.9.2
NETMASK=255.255.255.0
```

说明：
- DNS 服务器的配置会被写入/etc/resolv.conf 文件中。
- 网卡配置改变后，要重新启动网络服务才能生效。代码如下：

```
# systemctl restart network
```

3．主机名

从 CentOS 7 开始，配置主机名无须直接修改配置文件，使用 hostnamectl 命令即可，代码如下：

```
# hostnamectl set-hostname <主机名>
```

4．主机名映射

文件/etc/hosts 配置 IP 地址到主机名的映射，/etc/hosts 类似手机里的通信录。但由于主机的数量越来越多，在/etc/hosts 文件中进行配置变得很不方便，所以出现了 DNS 服务。

当需要解析主机名时，可以使用/etc/hosts 文件，也可以使用 DNS 服务。选择/etc/hosts 文件或DNS 服务，取决于/etc/nsswitch.conf 中的设置。如果 nsswitch.conf 文件中 hosts 的设置项 files 在前，则优先使用/etc/hosts 文件，如果 dns 项在前，则优先使用 DNS 服务。下面举例说明，代码如下：

```
# vi /etc/nsswitch.conf|grep hosts
#hosts:        db files nisplus nis dns
hosts:         files dns myhostname
```

一个 IP 地址可以对应多个主机名，主机名之间用空格隔开。下面举例说明，代码如下：

```
# vi /etc/hosts
127.0.0.1     localhost localhost.localdomain localhost4 localhost4.localdomain4
::1           localhost localhost.localdomain localhost6 localhost6.localdomain6

192.168.9.100 controller
192.168.9.101 compute
```

1.1.3　ip 命令

1．ip 命令介绍

在以前的 CentOS 版本中，默认使用 ifconfig 命令配置网卡，但 ifconfig 命令的功能有限。在CentOS 7 中，默认安装了 ip 命令，ip 命令的功能更强大。

使用 ip 命令修改后的配置只在运行时有效，如果要修改后的配置永久有效，则需要修改配置文件。

ip 命令有很多子命令，不同的子命令用于配置不同的项目，使用 ip –h 命令可以获取 ip 命令的帮助。ip 命令的常用子命令如下。

➤　link：网络链路和设备。
➤　address：网络地址。
➤　route：路由。
➤　tunnel：隧道。
➤　tuntap：tuntap 虚拟设备。
➤　netns：网络名字空间。

我们可以使用 ip <子命令> help 命令获取帮助。下面举例说明，代码如下：

```
# ip address help
Usage: ip address {add|change|replace} IFADDR dev IFNAME [ LIFETIME ]
                  [ CONFFLAG-LIST ]
       ip address del IFADDR dev IFNAME [mngtmpaddr]
       ip address {save|flush} [ dev IFNAME ] [ scope SCOPE-ID ]
                            [ to PREFIX ] [ FLAG-LIST ] [ label LABEL ] [up]
       ip address [ show [ dev IFNAME ] [ scope SCOPE-ID ] [ master DEVICE ]
                            [ type TYPE ] [ to PREFIX ] [ FLAG-LIST ]
                            [ label LABEL ] [up] [ vrf NAME ] ]
       ip address {showdump|restore}
```

man 手册提供了 ip 命令和子命令的详细帮助，如 man ip-address、man ip-link、man ip-netns分别提供了 address、link、netns 子命令的详细帮助。

ip 命令支持子命令的简写，如 ip a 命令和 ip address 命令是一样的。

2．设置 IP 地址

（1）查看 IP 地址，代码如下：

```
# ip address
```

（2）增加 IP 地址，代码如下：

```
# ip address add <CIDR> dev <网卡名>
```

其中，CIDR 是形如 192.168.1.1/24 格式的 IP 地址。

（3）删除 IP 地址，代码如下：

```
# ip address del <CIDR> dev <网卡名>
```

3．设置路由

（1）查看路由，代码如下：

```
# ip route
```

下面举例说明，代码如下：

```
# ip route
default via 192.168.9.2 dev ens33 proto static metric 100
192.168.9.0/24 dev ens33 proto kernel scope link src 192.168.9.100 metric 100
```

（2）增加网关。增加网关的命令有两种形式，分别如下：

```
# ip route add default dev <网卡名>
```

或

```
# ip route add default via <网关 IP 地址>
```

（3）删除网关。删除网关的命令有两种形式，分别如下：

```
# ip route del default via <网关 IP 地址>
```

或

```
# ip route del default dev <网卡名>
```

（4）增加路由。增加路由的命令有两种形式，分别如下：

```
# ip route add <CIDR> via   <下一跳 IP 地址>
```

或

```
# ip route add <CIDR>   dev <网卡名>
```

（5）删除路由，代码如下：

```
# ip route del <CIDR>
```

4．网络名字空间

Linux 使用网络名字空间隔离网络设备、防火墙规则和路由规则。在不同的网络名字空间中，可以有不同的网络设备、防火墙规则和路由规则。

每个进程都有自己的网络名字空间，进程只能使用自己的网络名字空间的网络设备、防火墙规则和路由规则。

（1）创建和查询网络名字空间。使用 ip netns add <name>命令可以创建网络名字空间。使用 ip netns 命令创建的网络名字空间在/var/run/netns 目录中会有相应的同名文件。使用 ip netns 命令查询网络名字空间时也是从/var/run/netns 目录中检索信息的。下面举例说明，代码如下：

```
# ip netns add ns1
# ip netns
ns1
# ls /var/run/netns/
ns1
```

使用 ls -l /proc/<PID>/ns 命令查看进程的网络名字空间，其中，<PID>是进程的 ID。下面举例说明，代码如下：

```
# ls -l /proc/2021/ns
total 0
lrwxrwxrwx. 1 root root 0 Jul  9 22:44 ipc -> ipc:[4026531839]
lrwxrwxrwx. 1 root root 0 Jul  9 22:44 mnt -> mnt:[4026532432]
lrwxrwxrwx. 1 root root 0 Jul  9 22:44 net -> net:[4026531956]
lrwxrwxrwx. 1 root root 0 Jul  9 22:44 pid -> pid:[4026531836]
lrwxrwxrwx. 1 root root 0 Jul  9 22:44 user -> user:[4026531837]
lrwxrwxrwx. 1 root root 0 Jul  9 22:44 uts -> uts:[4026531838]
```

一般情况下，进程的网络名字空间在/var/run/netns 目录中没有对应的文件，所以用 ip netns 命令查询不到其网络名字空间，但可以在/var/run/netns 目录中建立符号链接，从而解决上述问题。下面举例说明，代码如下：

```
# ln -s /proc/2021/ns/net /var/run/netns/ns2021
# ip netns
ns2021
ns1
```

（2）在网络名字空间中执行命令，代码如下：

```
# ip netns exec <netnsName> <command>
```

下面举例说明，代码如下：

```
# ip netns exec ns1 ip link
1: lo: <LOOPBACK> mtu 65536 qdisc noop state DOWN mode DEFAULT group default qlen 1000
    link/loopback 00:00:00:00:00:00 brd 00:00:00:00:00:00
12: veth1@if13: <BROADCAST,MULTICAST> mtu 1500 qdisc noop state DOWN mode DEFAULT group
default qlen 1000
    link/ether 8e:af:a7:13:0d:5c brd ff:ff:ff:ff:ff:ff link-netnsid 0
```

（3）删除网络名字空间，代码如下：

```
# ip netns del <netnsName>
```

5．创建 veth pair

veth pair 是一对 Linux 虚拟以太网卡，用于连接虚拟机、虚拟网桥等设备。

veth pair 成对出现，相当于两块连接在一起的网卡，如图 1-6 所示。

图 1-6　veth pair 示意图

创建 veth pair 的代码如下：

```
#ip link add <name1> type veth peer name <name2>
```

下面使用 veth pair 连接两个网络名字空间，代码如下：

```
# ip netns add ns1
# ip netns
ns1
# ip link add veth0 type veth peer name veth1
# ip link
......
12: veth1@veth0: <BROADCAST,MULTICAST,M-DOWN> mtu 1500 qdisc noop state DOWN mode
DEFAULT group default qlen 1000
        link/ether 8e:af:a7:13:0d:5c brd ff:ff:ff:ff:ff:ff
13: veth0@veth1: <BROADCAST,MULTICAST,M-DOWN> mtu 1500 qdisc noop state DOWN mode
DEFAULT group default qlen 1000
        link/ether 4e:ee:e1:fe:15:cb brd ff:ff:ff:ff:ff:ff
```

说明：可以看到两块虚拟网卡，名字为 veth0 和 veth1，并用@符号标识端到端。

 # ip link set veth1 netns ns1

说明：将 veth1 放入网络名字空间 ns1 中。

 # ip link
......
13: veth0@if12: <NO-CARRIER,BROADCAST,MULTICAST,UP> mtu 1500 qdisc noqueue state LOWERLAYERDOWN mode DEFAULT group default qlen 1000
link/ether 4e:ee:e1:fe:15:cb brd ff:ff:ff:ff:ff:ff link-netnsid 3

说明：veth1 在当前网络名字空间中不可见。

 # ip netns exec ns1 ip link
1: lo: <LOOPBACK> mtu 65536 qdisc noop state DOWN mode DEFAULT group default qlen 1000
    link/loopback 00:00:00:00:00:00 brd 00:00:00:00:00:00
12: veth1@if13: <BROADCAST,MULTICAST> mtu 1500 qdisc noop state DOWN mode DEFAULT group default qlen 1000
link/ether 8e:af:a7:13:0d:5c brd ff:ff:ff:ff:ff:ff link-netnsid 0

说明：在网络名字空间 ns1 中可以看到 veth1。

 # ip a add   192.168.100.1/24 dev veth0
 # ip netns exec ns1 ip address add 192.168.100.2/24 dev veth1

说明：设置 IP 地址。

 # ip link set veth0 up
 # ip netns exec ns1 ip link set veth1 up

说明：启动虚拟网卡。

 # ip netns exec ns1 ping -c 3 192.168.100.1
PING 192.168.100.1 (192.168.100.1) 56(84) bytes of data.
64 bytes from 192.168.100.1: icmp_seq=1 ttl=64 time=0.045 ms
64 bytes from 192.168.100.1: icmp_seq=2 ttl=64 time=0.104 ms
......

Ⅲ▶ 1.2 存储技术

1.2.1 存储技术概述

在计算机中，最常见的存储设备就是主机机箱里的磁盘，磁盘通过磁盘控制器与系统总线相连。但这种方式存在容量扩展困难、不支持在线迁移、共享困难等缺点，无法适应 IT 技术新的发展需要，特别是云计算和大数据技术的发展需要。

存储技术可以分为 DAS、NAS 和 SAN 三大类。

1. DAS

DAS 是 Direct Attached Storage 的英文缩写，表示直连式存储。

DAS 存储是最常见的存储方式之一，计算机中磁盘的架构就属于 DAS 架构。

DAS 架构是指存储设备直接连接到主机的系统总线上，存储设备只与一台独立的主机连接，其他主机无法使用该存储设备。

2. NAS

NAS 是 Network Attached Storage 的英文缩写，表示网络附属存储。

NAS 存储是指将文件系统通过标准的网络（如以太网）进行共享，网络上的其他主机可以访问共享的文件系统，从而使用其存储空间。NAS 与 DAS 不同，NAS 使用了文件级的存储方法。

常见的 NAS 应用有 Windows 的网上邻居、Linux 的 NFS 系统、百度网盘等。

3. SAN

SAN 是 Storage Area Network 的英文缩写，表示存储区域网络。

SAN 的本质是由众多存储阵列和光纤通道交换机形成的一个专用存储区域网络，主机通过光纤通道交换机连接到存储区域网络，并使用存储资源。

SAN 提供的是一个块设备，客户端可以对其进行分区和格式化。常见的 SAN 应用有 iSCSI 和 Ceph。

1.2.2　LVM

1. LVM 简介

（1）LVM 的概念。

LVM 是 Logical Volume Manager 的英文简写，表示逻辑卷管理。

传统的磁盘在使用时要先进行分区，然后才能使用。对磁盘进行分区后，各分区的容量就固定了，如果要改变分区的容量，则必须重新分区，这也意味着数据会被破坏。分区的最大容量还受磁盘容量的限制。

逻辑卷有以下优点。

➢ 灵活的容量扩展。逻辑卷可以跨磁盘扩展。

➢ 逻辑卷的容量可在线扩展和缩小。逻辑卷支持在线增大和缩小容量，无须重新分区。

➢ 支持在线数据迁移。

➢ 便于使用的名称。逻辑卷组和逻辑卷的名称均可以由用户自定义。

➢ 支持条块化。

➢ 支持镜像。

➢ 支持快照。

（2）逻辑卷的层级结构。

逻辑卷的层级结构如图 1-7 所示。

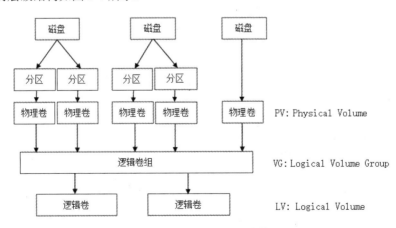

图 1-7　逻辑卷的层级结构

在图 1-7 中，第一层为普通的磁盘。第二层为磁盘分区。第三层为物理卷（PV），物理卷可以由磁盘分区或某个完整的磁盘转化而来。第四层为逻辑卷组（VG），多个物理卷组构成一个逻辑卷组，逻辑卷组支持动态扩容和缩容。第五层为逻辑卷（LV），逻辑卷是供系统使用的对象，支持动态扩容和缩容。

（3）磁盘分区工具。

常用的磁盘分区工具是 fdisk，如果遇到大容量的磁盘，可以使用磁盘分区工具 parted 对磁盘进行分区。

1）磁盘分区工具 fdisk。使用 fdisk 对磁盘进行分区时，如果要创建逻辑卷，则分区的类型要选择 8e（Linux LVM）。

① 启动 fdisk，代码如下：

```
# fdisk <disk>
```

② 常用的 fdisk 命令如下。

- m 命令：获取命令提示。
- p 命令：列出当前的分区表。
- n 命令：增加新的分区，在新增的过程中按提示输入选项。
- d 命令：删除分区。
- l 命令：列出分区类型和代码。
- t 命令：改变分区的类型。
- w 命令：保存并退出 fdisk 磁盘分区工具。

【例 1-1】fdisk 分区操作实例。

列出系统的磁盘，代码如下：

```
# lsblk
NAME              MAJ:MIN RM  SIZE   RO TYPE  MOUNTPOINT
sda               8:0     0   40G    0  disk
├─sda1            8:1     0   1G     0  part /boot
└─sda2            8:2     0   39G    0  part
  ├─centos-root   253:0   0   35G    0  lvm   /
  └─centos-swap   253:1   0   4G     0  lvm   [SWAP]
sdb               8:16    0   20G    0  disk
sr0               11:0    1   4.4G   0  rom
```

启动 fdisk，代码如下：

```
# fdisk /dev/sdb
Welcome to fdisk (util-linux 2.23.2).
……
```

显示帮助，代码如下：

```
Command (m for help): m
   a   toggle a bootable flag
   b   edit bsd disklabel
   c   toggle the dos compatibility flag
   d   delete a partition
   g   create a new empty GPT partition table
   G   create an IRIX (SGI) partition table
   l   list known partition types
   m   print this menu
   n   add a new partition
   o   create a new empty DOS partition table
   p   print the partition table
   q   quit without saving changes
   s   create a new empty Sun disklabel
   t   change a partition's system id
   u   change display/entry units
   v   verify the partition table
```

```
    w    write table to disk and exit
    x    extra functionality (experts only)
```

打印分区表，代码如下：

```
Command (m for help): p
……
    Device Boot    Start         End       Blocks   Id  System
```

新建分区，代码如下：

```
Command (m for help): n
Partition type:
    p    primary (0 primary, 0 extended, 4 free)
    e    extended
```

选择主分区 p 或扩展分区 e，代码如下：

```
Select (default p): p
Partition number (1-4, default 1): #输入分区号，直接按 Enter 键使用默认值
First sector (2048-41943039, default 2048): #输入起始扇区，直接按 Enter 键使用默认值
Last sector, +sectors or +size{K,M,G} (2048-41943039, default 41943039): 20000000
#输入结束扇区
Command (m for help): n
Select (default p): p
Partition number (2-4, default 2): #输入分区号，直接按 Enter 键使用默认值
First sector (20000001-41943039, default 20000768): #输入起始扇区，直接按 Enter 键使用默认值
Last sector, +sectors or +size{K,M,G} (20000768-41943039, default 41943039): +2G
#输入结束扇区，也可以输入分区大小进行代替
```

打印分区表，代码如下：

```
Command (m for help): p
……
    Device Boot    Start         End       Blocks     Id  System
/dev/sdb1          2048          20000000  9998976+   83  Linux
/dev/sdb2          20000768      24195071  2097152    83  Linux
```

修改分区类型，代码如下：

```
Command (m for help): t
Partition number (1,2, default 2): 1 #选择分区号，直接按 Enter 键使用默认值
Hex code (type L to list all codes): 8e#选择分区类型
Changed type of partition 'Linux' to 'Linux LVM'
```

打印分区表，代码如下：

```
Command (m for help): p
……
    Device Boot    Start         End       Blocks     Id  System
/dev/sdb1          2048          20000000  9998976+   8e  Linux LVM
/dev/sdb2          20000768      24195071  2097152    83  Linux
Command (m for help): w #保存分区信息
```

2）磁盘分区工具 parted。使用磁盘分区工具 parted 对磁盘进行分区时，如果要创建逻辑卷，则分区的 tag 要设置为 lvm。

① 启动 parted，代码如下：

 # parted <disk>

② 常用的 parted 命令如下。

➢ help 命令：获取命令提示。

➢ mkpart 命令：创建新分区。

➢ print 命令：列出分区信息。

➢ resizepart 命令：改变分区大小。

➢ rm 命令：删除分区。

➢ toggle 命令：改变分区的标志。

➢ mklabel 命令：创建分区表。

➢ quit 命令：退出 parted 磁盘分区工具。

【例 1-2】parted 分区操作实例，代码如下。

启动 parted：

```
# parted /dev/sdb
GNU Parted 3.1
Using /dev/sdb
Welcome to GNU Parted! Type 'help' to view a list of commands.
(parted) help    #获取帮助
  align-check TYPE N                        check partition N for TYPE
  help [COMMAND]                            print general help, or help on COMMAND
  mklabel,mktable LABEL-TYPE                create a new disklabel (partition table)
  mkpart PART-TYPE [FS-TYPE] START END      make a partition
  name NUMBER NAME                          name partition NUMBER as NAME
  print [devices|free|list,all|NUMBER]      display the partition table
  quit                                      exit program
  rescue START END                          rescue a lost partition near START and END
  resizepart NUMBER END                     resize partition NUMBER
  rm NUMBER                                 delete partition NUMBER
  select DEVICE                             choose the device to edit
  disk_set FLAG STATE                       change the FLAG on selected device
  disk_toggle [FLAG]                        toggle the state of FLAG on selected device
  set NUMBER FLAG STATE                     change the FLAG on partition NUMBER
  toggle [NUMBER [FLAG]]                    toggle the state of FLAG on partition NUMBER
  unit UNIT                                 set the default unit to UNIT
  version                                   display the version number and copyright information of
GNU Parted
(parted) mklabel    #创建分区表
New disk label type? msdos    #输入分区表，可以是 msdos 或 gpt
(parted) mkpart    #创建分区
Partition type?   primary/extended? primary #选择分区类型，可以是 primary 或 extended
File system type?   [ext2]? ext2    #文件系统类型
Start? 100M          #起始位置
End? 5G              #结束位置
(parted) mkpart     #再创建一个分区
Partition type?   primary/extended? primary
File system type?   [ext2]? ext2
Start? 5G
End? 10G
(parted) print    #打印分区表
……
Number    Start      End        Size      Type      File system    Flags
  1       99.6MB     5000MB     4900MB    primary
  2       5000MB     10.0GB     5001MB    primary

(parted) toggle 1 lvm    #修改分区 1 的类型为 lvm
(parted) print    #打印分区表
……
Number    Start      End        Size      Type          File system    Flags
```

| 1 | 99.6MB | 5000MB | 4900MB | primary | | lvm |
| 2 | 5000MB | 10.0GB | 5001MB | primary | | |

2．创建物理卷

（1）创建物理卷。

pvcreate 命令用于将分区和磁盘转换为物理卷，代码如下：

 # pvcreate　<分区和磁盘列表>

分区被转换为物理卷后，与原分区相比，多了 LVM label 和 LVM 元数据。LVM label 默认被放在第二扇区。

LVM 元数据包含了系统中逻辑卷组的详细配置信息。每个物理卷的元数据区包含了逻辑卷组元数据的相同副本。

（2）查询物理卷信息。

pvdisplay、pvs 和 pvscan 命令用于查询系统中的物理卷。

下面举例说明，代码如下：

```
# pvdisplay
  --- Physical volume ---
  PV Name                /dev/sda2
  VG Name                centos
  PV Size                <39.00 GiB / not usable 3.00 MiB
  Allocatable            yes (but full)
  PE Size                4.00 MiB
  Total PE               9983
  Free PE                0
  Allocated PE           9983
  PV UUID                w5Pqlc-ar2C-z4Uv-Lxyz-602q-X2WR-bcaud1
# pvs
  PV          VG        Fmt      Attr PSize      PFree
  /dev/sda2   centos    lvm2 a--  <39.00g        0
```

3．创建逻辑卷组

多个物理卷组成一个逻辑卷组，逻辑卷组被划分成名为 PE（Physical Extents）的基本单元，PE 是空间分配的基本单位。

（1）创建逻辑卷组。

vgcreate 命令用于创建逻辑卷组，代码如下：

#vgcreate <卷组名> <物理卷列表>

创建逻辑卷组时，-s|--physicalextentsize Size[m|UNIT]选项用于指定 PE 的大小。

（2）查询逻辑卷组信息。

vgdisplay、vgs 和 vgscan 命令用于查询系统中的逻辑卷组信息。

下面举例说明，代码如下：

```
# vgdisplay
  --- Volume group ---
  VG Name                centos
  System ID
  Format                 lvm2
  Metadata Areas         1
  Metadata Sequence No   3
  VG Access              read/write
  VG Status              resizable
  MAX LV                 0
```

Cur LV	2
Open LV	2
Max PV	0
Cur PV	1
Act PV	1
VG Size	<39.00 GiB
PE Size	4.00 MiB
Total PE	9983
Alloc PE / Size	9983 / <39.00 GiB
Free PE / Size	0 / 0
VG UUID	7eXh6f-z9d2-2t18-iGMi-wJAp-G0UG-HSzLa9

```
# vgs
  VG     #PV #LV #SN Attr   VSize   VFree
  centos   1   2   0 wz--n- <39.00g     0
```

4．创建逻辑卷

（1）逻辑卷的类型。逻辑卷支持多种类型，详细介绍如下。

➤ 线性卷。线性卷是最普通的逻辑卷，线性卷的空间可以跨多个物理卷进行分配。

➤ 条带逻辑卷。写入逻辑卷的数据最终被保存在底层的物理卷中。条带逻辑卷以分布式的方式将数据写入不同的物理卷中，提高了数据的读写效率。

➤ RAID 逻辑卷。LVM 支持 RAID 0/1/4/5/6/10 逻辑卷。

➤ 精简配置逻辑卷。在精简配置逻辑卷中，将按照实际使用量分配空间。

➤ 快照卷。

（2）创建逻辑卷。

lvcreate 命令用于创建逻辑卷，代码如下：

```
# lvcreate   -L|--size Size[m|UNIT] -n <逻辑卷> <逻辑卷组>
```

创建逻辑卷时，-L|--size Size[m|UNIT]选项用于指定逻辑卷的大小。此外，我们也可以使用-l|--extents Number[PERCENT]选项指定 PE 的数量。

-i|--stripes Number 选项用于创建条带逻辑卷，Number 不能超过逻辑卷组中物理卷的数量。

下面举例说明，代码如下：

```
# lvcreate -l 100 -i 2 -n stripelv testvg /dev/sda1:0-49 /dev/sdb1:50-99
```

如果要创建 RAID 逻辑卷，则应使用--type 指定 RAID 类型，使用-m 指定镜像数量。

下面举例说明，代码如下：

```
# lvcreate --type raid1 -m 1 -L 1G -n my_lv my_vg
```

（3）查询逻辑卷的信息。

lvdisplay、lvs 和 lvscan 命令用于显示逻辑卷的信息。

下面举例说明，代码如下：

```
# lvdisplay
  --- Logical volume ---
  LV Path                /dev/centos/swap
  LV Name                swap
  VG Name                centos
  LV UUID                SAFjap-8INm-QzTl-NzcV-81RC-aaOH-Toh2wX
  LV Write Access        read/write
  LV Creation host, time localhost, 2021-05-22 02:04:24 +0800
  LV Status              available
  # open                 2
  LV Size                4.00 GiB
```

```
Current LE              1024
Segments                1
Allocation              inherit
Read ahead sectors      auto
- currently set to      8192
Block device            253:1
# lvs
LV     VG      Attr       LSize     Pool Origin Data%   Meta%   Move Log Cpy%Sync Convert
root   centos  -wi-ao---- <35.00g
swap   centos  -wi-ao---- 4.00g
```

（4）逻辑卷的命名。

CentOS 系统中逻辑卷命名为/dev/dm-n 的形式，代码如下：

```
# ls /dev/dm*
/dev/dm-0   /dev/dm-1
```

但是，这种命名方式不便于记忆，因此系统里定义两种形式的符号链接/dev/mapper/vg-lv 和 /dev/vg/lv。

下面举例说明，代码如下：

```
# ls -l /dev/mapper
total 0
lrwxrwxrwx. 1 root root          7 Jul 10 13:56 centos-root -> ../dm-0
lrwxrwxrwx. 1 root root          7 Jul 10 13:56 centos-swap -> ../dm-1
crw-------. 1 root root 10, 236 Jul 10 13:56 control
# ls -l /dev/centos
total 0
lrwxrwxrwx. 1 root root 7 Jul 10 13:56 root -> ../dm-0
lrwxrwxrwx. 1 root root 7 Jul 10 13:56 swap -> ../dm-1
```

5. 扩容和缩容

逻辑卷组和逻辑卷都支持在线扩容和缩容。

（1）扩容。

1）扩展逻辑卷组，代码如下：

```
# vgextend <逻辑卷组名> <物理卷名>
```

2）扩展逻辑卷。使用 lvextend 命令扩展逻辑卷有两种形式：通过指定大小扩展逻辑卷和通过指定 pv 扩展逻辑卷。

① 通过指定大小扩展逻辑卷，代码如下：

```
# lvextend -L|--size [+]Size[m|UNIT] <逻辑卷>
```

② 通过指定 pv 扩展逻辑卷，代码如下：

```
# lvextend <逻辑卷> <物理卷>
```

3）文件系统的扩容。逻辑卷扩展后，增加的空间并不能立即使用，而要使用 resize2fs 或 xfs_growfs 命令将增加的空间设置为可用状态。

当文件系统是 ext3 和 ext4 时，使用如下代码：

```
# resize2fs <逻辑卷>
```

当文件系统是 xfs 时，使用如下代码：

```
# xfs_growfs [options] mountpoint
```

（2）缩容。

1）逻辑卷缩容。

① 使逻辑卷缩容，代码如下：

```
#lvreduce -L|--size [-]Size[m|UNIT] <逻辑卷>
```

② 删除逻辑卷，代码如下：

#lvremove   <逻辑卷>

2）逻辑卷组缩容。

① 从逻辑卷组中删除物理卷，代码如下：

 # vgreduce <逻辑卷组名> <物理卷名>

② 删除逻辑卷组，代码如下：

 # vgremove <逻辑卷组列表>

3）删除物理卷。pvremove 命令是 pvcreate 命令的反射操作，将物理卷 label 从卷中删除，物理卷变为普通分区。代码如下：

 # pvremove <pv 列表>

1.2.3　NFS

NFS（Network File System）是 Linux 和 Unix 系统支持的一种文件共享技术。NFS 通过 TCP/IP 网络共享文件夹。

NFS 允许一台主机与网络中的其他主机共享目录和文件。通过 NFS，可以像访问本地文件一样访问远端系统上的文件，从而使主机能够方便地使用网上资源。

NFS 采用客户端/服务器模式，由客户端程序和服务器程序组成。服务器程序提供对文件系统的共享访问，客户端程序可以访问共享文件系统。

CentOS 7 支持两个 NFS 版本，即 NFSv3 和 NFSv4。

1. 配置 NFS 服务器

NFS 服务器的配置主要包含两部分内容：安装软件和共享文件夹设置。

（1）安装软件。

1）配置 yum 源，代码如下：

```
[centos-base]
name=centos-base
baseurl=https://mirrors.163.com/centos***/$releasever/os/$basearch/
gpgcheck=0
enabled=1

[centos-extras]
name=centos-extras
baseurl=https://mirrors.163.com/centos***/$releasever/extras/$basearch/
gpgcheck=0
enabled=1
```

2）安装软件，代码如下：

 # yum -y install nfs-utils rpcbind

这里需要安装两个软件，由 nfs-utils 提供 NFS 服务；由 rpcbind 提供端口绑定服务。

NFS 使用不固定的端口传输数据，客户端需要知道 NFS 服务器的端口才能建立连接。rpcbind 是用于管理 NFS 端口的服务，rpcbind 使用固定端口 111。

当 NFS 启动后，会随机地使用一些端口，并向 rpcbind 注册这些端口；rpcbind 记录这些端口后，并在端口 111 等待客户端 RPC 的请求；当出现客户端请求时，rpcbind 将 NFS 的端口返回客户端。

（2）配置服务器。NFS 服务器的配置文件是/etc/exports，形式如下：

```
/share_path host1(options1) host2(options2) host3(options3)
```

下面举例说明，代码如下：

#vi /etc/exports
/share 192.168.9.0/24(rw,sync,no_root_squash,insecure)

从上述代码中可以看出，在每行代码中可设置一个共享内容，每行代码包含两部分。第一部分是要共享的目录，使用绝对路径表示；第二部分是可以访问的主机和选项，设置多台主机和选项的组合时，使用空格分隔。

主机的表示方法如下。

➢ 单一主机：可以是 IP 地址或完整的域名。

➢ 一个网络：ipaddress/netmask 或 CIDR。

➢ 通配符：*和？，可用于域名。

➢ 网络组：@group。

➢ 匿名：*，表示所有主机可以访问。

可用的选项如下。

➢ secure（默认）或 insecure：secure 要求客户端使用的端口号小于 1024。

➢ ro 或 rw，读写控制，默认是 ro。

➢ sync 或 async：同步或异步，从二者中必选其一。

➢ no_root_squash 或 root_squash：是否将 root 转换为匿名用户。

➢ all_squash：是否将所有用户转换为匿名用户。

➢ anonuid=n 和 anongid=n：指定匿名用户和组的 ID。

（3）设置服务和防火墙。

1）使有关服务可用并启动，代码如下：

 # systemctl enable rpcbind
 # systemctl enable nfs
 # systemctl start rpcbind
 # systemctl start nfs

2）设置防火墙规则，代码如下：

 # firewall-cmd --add-service=nfs --permanent --zone=public
 # firewall-cmd --add-service=mountd --permanent --zone=public
 # firewall-cmd --add-service=rpc-bind --permanent --zone=public
 # firewall-cmd –reload

（4）在服务器端进行测试。

1）导出共享文件夹。如果有新的 NFS 配置，则输入以下代码导出文件夹：

 # exportfs -a

2）查看导出的文件夹，代码如下：

 # showmount –e

下面举例说明，代码如下：

 # showmount -e
Export list for localhost.localdomain:
/myshare 192.168.9.0/24

3）检查 rpcbind，代码如下：

```
# rpcinfo -p
   program  vers  proto   port      service
   100000   4     tcp     111       portmapper
   100000   3     tcp     111       portmapper
   100000   2     tcp     111       portmapper
   100000   4     udp     111       portmapper
   100000   3     udp     111       portmapper
```

100000	2	udp	111	portmapper
100005	1	udp	20048	mountd
100005	1	tcp	20048	mountd
100005	2	udp	20048	mountd
100005	2	tcp	20048	mountd
100005	3	udp	20048	mountd
100005	3	tcp	20048	mountd
100024	1	udp	48939	status
100024	1	tcp	54692	status
100003	3	tcp	2049	nfs
100003	4	tcp	2049	nfs
100227	3	tcp	2049	nfs_acl
100003	3	udp	2049	nfs
100003	4	udp	2049	nfs
100227	3	udp	2049	nfs_acl
100021	1	udp	49745	nlockmgr
100021	3	udp	49745	nlockmgr
100021	4	udp	49745	nlockmgr
100021	1	tcp	46243	nlockmgr
100021	3	tcp	46243	nlockmgr
100021	4	tcp	46243	nlockmgr

2. 配置 NFS 客户端

（1）安装软件。

1）配置 yum 源，按照"配置 NFS 服务器"中介绍的步骤进行设置。

2）安装软件，代码如下：

```
# yum -y install nfs-utils
```

（2）使用 NFS 共享资源。

1）查看服务器导出的内容，代码如下：

```
# showmount -e <ip_of_nfs_server>
```

下面举例说明，代码如下：

```
# showmount -e 192.168.9.144
Export list for 192.168.9.144:
/myshare 192.168.9.0/24
```

2）挂载。可以将 NFS 文件系统挂载到本地的目录中，代码如下：

```
# mkdir /nfsmount
# mount –t nfs ip_of_server:/myshare /nfsmount
```

1.2.4 iSCSI

1. iSCSI 简介

iSCSI（Internet Small Computer System Interface）即 Internet 小型计算机系统接口。iSCSI 又被称为 IP-SAN（基于 IP 的 SAN），它同时也是一种基于因特网及 SCSI-3 协议的存储技术。

iSCSI 使用 TCP/IP 的 3260 端口，计算机之间利用 iSCSI 的协议交换 SCSI 命令，让计算机可以透过高速局域网把 iSCSI 模拟为本地磁盘。

iSCSI 在普通的交换机和 IP 基础架构上运行，不需要专用的电缆和交换机。但出于性能上的考虑，建议为 iSCSI 配备一个专用的网络，不要与其他网络混用。

iSCSI 基于客户端/服务器模式，服务器名称为 iSCSI Target，客户端名称为 iSCSI Initiator。

2．配置 iSCSI Target

（1）系统环境准备。

1）配置 yum 源，请参考 1.2.3 节中有关配置 yum 源的内容。

2）安装 targetcli 软件，代码如下：

 # yum install -y targetcli

3）启动服务，代码如下：

 # systemctl start target
 # systemctl enable target

4）设置防火墙，代码如下：

 # firewall-cmd --permanent --add-port=3260/tcp
 # firewall-cmd --reload

（2）配置 iSCSI Target 服务。

1）启动 targetcli 工具。配置 iSCSI Target 时，应使用 targetcli 工具，执行 targetcli 命令进入配置界面。代码如下：

```
# targetcli
targetcli shell version 2.1.51
Copyright 2011-2013 by Datera, Inc and others.
For help on commands, type 'help'.

/iscsi/iqn.20...ver/tpg1/luns>
```

2）生成后端存储。iSCSI Target 的后端存储支持四种类型，分别如下。

➢ 文件型后端存储：在服务器上生成的一个指定大小的文件，类似虚拟机中的虚拟磁盘。

➢ 块设备型后端存储：块设备，可以是磁盘驱动器、磁盘分区、逻辑卷，以及服务器上定义的任何类型的设备文件。

➢ pscsi 型后端存储：物理 SCSI 磁盘。

➢ RAMDisk 型后端存储：内存盘，在内存盘中存储的数据在服务器重启后将全部丢失。

① 文件型后端存储。准备一个作为后端存储的镜像文件，代码如下：

#mkdir /iscsi
 # dd if=/dev/zero of=/iscsi/data.img bs=1024k count=2048

配置不同类型的 iSCSI Target 后端存储时要进入相应的目录。例如，配置文件型后端存储时，要进入/backstores/fileio/目录，然后使用 create 命令，代码如下：

```
# targetcli
targetcli shell version 2.1.51
Copyright 2011-2013 by Datera, Inc and others.
For help on commands, type 'help'.

/> /backstores/fileio/
/backstores/fileio> create data /iscsi/data.img 2G
Created fileio data with size 2147483648
/backstores/fileio>
```

在上述代码中，参数项 data 是后端存储的名字，参数项/iscsi/data.img 是后端存储对应的文件，参数项 2G 指明后端存储的大小。

后端存储支持 write_back 或 write_thru 模式。write_back 模式使用本地文件系统作为缓冲区，可以提高性能，但有数据丢失的风险；write_thru 模式将数据直接写入服务器中。在参数项 2G 后设置 write_back=false|true 来指定是否使用 write_back 模式。

下面举例说明，代码如下：

```
> create data /iscsi/data.img 2G write_back=false
```

② 块设备型后端存储。使用块设备型后端存储时，应在/backstores/block/目录中使用 create 命令。

下面举例说明，代码如下：

```
# targetcli
targetcli shell version 2.1.51
Copyright 2011-2013 by Datera, Inc and others.
For help on commands, type 'help'.

/> /backstores/block create name=block_backend dev=/dev/vdb
Generating a wwn serial.
Created block storage object block_backend using /dev/vdb.
```

上述代码中的两个参数项 dev 和 vdb 分别是后端存储的名字和对应的块设备。

③ pscsi 型后端存储。创建 pscsi 型后端存储，代码如下：

```
/> /backstores/pscsi/ create name=pscsi_backend dev=/dev/sr0
Generating a wwn serial.
Created pscsi storage object pscsi_backend using /dev/sr0
```

④ RAMDisk 型后端存储。创建 RAMDisk 型后端存储，代码如下：

```
/> /backstores/ramdisk/ create name=rd_backend size=1GB
Generating a wwn serial.
Created rd_mcp ramdisk rd_backend with size 1GB.
```

3）配置 iSCSI Target 名称。iSCSI Target 名称是 iSCSI Target 的标志，配置 iSCSI Target 名称的本质是创建 IQN。IQN 有特殊的命名规则，基本形式为 iqn.<yyyy-mm>.<reversed domain name>:<servername>。

下面举例说明，代码如下：

```
> /iscsi
/iscsi> create iqn.2021-06.com.example:myserver
Created target iqn.2021-06.com.example:myserver
Created TPG1
```

4）创建端口。代码如下：

```
/iscsi> iqn.2021-06.com.example:myserver/tpg1/
/iscsi/ iqn.2021-06.com.example:myserver/tpg1> portals/ create
Using default IP port 3260
Binding to INADDR_Any (0.0.0.0)
Created network portal 0.0.0.0:3260
```

5）创建 LUN。LUN 是供客户端访问的卷，应当为每个后端存储创建 LUN。

下面举例说明，代码如下：

```
/> /iscsi/iqn.2021-06.com.example:myserver/tpg1/luns
/iscsi/iqn.20...ver/tpg1/luns> create /backstores/fileio/data
Created LUN 1
```

创建 LUN 时，参数项与后端存储分别对应。

6）创建 ACL。创建 ACL 时，允许 iSCSI 客户端连接，代码如下：

```
> /iscsi/iqn.2021-06.com.example:myserver/tpg1/acls
/iscsi/iqn.20...ver/tpg1/acls> create iqn.2021-06.com.example:myclient
Created Node ACL for iqn.2021-06.com.example:myclient
Created mapped LUN 0.
```

7）创建用户和密码，代码如下：

```
/>/iscsi/iqn.2021-06.com.example:myserver/tpg1/acls/iqn.2021-06.com.example:myclient/
```

```
/iscsi/iqn.20...mple:myclient> set auth userid=root
/iscsi/iqn.20...mple:myclient> set auth password=000000
```

（3）删除配置。如果要删除配置的对象，则进入相应的目录，使用 delete 命令，代码如下：

```
> delete <name>
```

3. 配置 iSCSI Initiator

（1）客户端环境准备。iSCSI 的客户端名称为 iSCSI Initiator。

1）配置 yum 源，请参考 1.2.3 节中有关配置 yum 源的内容。

2）安装软件 iscsi-initiator-utils，代码如下：

```
# yum -y install iscsi-initiator-utils
```

3）启动 iSCSI 服务，代码如下：

```
# systemctl start iscsi
# systemctl enable iscsi
```

（2）配置 iSCSI Initiator。

1）配置 iSCSI Initiator 名称。通过修改/etc/iscsi/initiatorname.iscsi 文件配置 iSCSI Initiator 名称。文件的 InitiatorName 必须与在服务端配置的 ACL 中的允许 iSCSI 客户端连接的名称一致。在本例中，指/>/iscsi/iqn.2021-06.com.example:myserver/tpg1/acls/下的 iqn.2021-06.com.example:myclient。

下面举例说明，代码如下：

```
# vi /etc/iscsi/initiatorname.iscsi
InitiatorName=iqn.2021-06.com.example:myclient
```

2）配置认证。通过修改/etc/iscsi/iscsid.conf 文件，设置认证信息。

下面举例说明，代码如下：

```
#vi /etc/iscsi/iscsid.conf
node.session.auth.authmethod = CHAP
node.session.auth.username = root
node.session.auth.password = 000000
```

3）发现 iSCSI 设备，代码如下：

```
# iscsiadm --mode discovery --type sendtargets --portal 192.168.9.100
```

4）连接 iSCSI 设备，代码如下：

```
# iscsiadm --mode node \
--targetname iqn.2021-06.com.example:myserver \
--portal 192.168.9.100 --login
```

5）查询 iSCSI 新设备，代码如下：

```
# lsblk --scsi
```

## 第 2 章

虚拟化技术

2.1　虚拟化的概念

1. 什么是虚拟化？

虚拟化是指通过对硬件环境的模拟，让操作系统能在模拟的硬件环境中运行。一般来说，虚拟化包含虚拟机监视器（Hypervisor），Hypervisor 是控制虚拟机访问底层硬件的软件层。运行 Hypervisor 的主机被称为宿主机，在 Hypervisor 中运行的虚拟机被称为客户端（Guest）或虚拟机。虚拟机之间是相互隔离的。

Hypervisor 负责虚拟化资源的管理和分配，Hypervisor 有以下两种类型。

➢ 宿主型：在物理机上先安装操作系统，Hypervisor 运行在操作系统之上，VMWare Workstation 和 KVM 就属于这种类型的 Hypervisor。

➢ 裸机型：Hypervisor 被直接安装在物理机的硬件之上，不需要操作系统。

两种 Hypervisor 类型如图 2-1 所示。

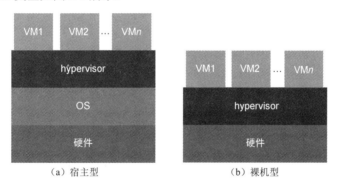

图 2-1　Hypervisor 类型

2. 虚拟化的内容

为了让虚拟机正常运行，必须实现以下几个方面的虚拟化操作。

➢ 计算虚拟化：CPU、内存。

➢ 存储虚拟化：磁盘。

➢ 网络虚拟化：网络。

➢ 设备虚拟化：显示器、声卡、USB 设备。

3. 虚拟化的分类

实现虚拟化可以使用软件模拟和硬件模拟两种方法。根据实现方法，可以将虚拟化分为以下几种类型。

> 全虚拟化（Full Virtualization）：使用硬件特征为客户端提供完整的底层硬件模拟，无须对客户端软件进行修改。
> 半虚拟化（Para-Virtualization）：使用一系列软件和数据结构为客户端提供模拟运行环境，需要对客户端软件进行修改。
> 软件虚拟化（Software Virtualization）：使用二进制转换和其他模拟技术运行客户端，客户端软件无须修改。

4．虚拟化的优点

与传统的在物理机上安装操作系统和应用软件相比，虚拟化具有以下优点。

> 节能：虚拟化后，在一台物理机上可以运行多台虚拟机，对硬件资源的利用更充分，因此更节能。
> 容易维护：容易部署应用系统、备份和恢复系统。
> 延长软件的生命周期：一些老的软件在新的操作系统和硬件上不能运行，可以使用虚拟机解决这类问题。
> 可度量：虚拟机占用的资源可以被度量。
> 占用更少的空间：占用更少的存储和内存空间。

2.2 网络虚拟化

2.2.1 Linux 网桥

Linux 网桥是 Linux 内核内置的功能，用户无法直接操纵内核，因此需要借助工具，brctl 就是用于操纵 Linux 网桥的工具。

CentOS 系统默认不安装 brctl，若想安装 brctl，则执行以下代码：

```
# yum install bridge-utils
```

1．创建和删除网桥

（1）创建网桥，代码如下：

```
# brctl addbr <brdgeName>
```

（2）删除网桥，代码如下：

```
# brctl delbr <brdgeName>
```

下面举例说明，代码如下：

```
# brctl addbr br0
# brctl delbr br0
```

2．显示网桥信息

显示网桥信息，代码如下：

```
# brctl show
```

下面举例说明，代码如下

```
# brctl show
bridge name        bridge id              STP enabled        interfaces
br0                8000.000000000000      no
```

brctl show 命令显示的网桥信息共有四列，含义分别如下。

> bridge name：网桥的名称。
> bridge id：网桥的 ID。

> STP enabled：是否支持生成树协议。
> interfaces：已经桥接的端口。

3．增加和删除端口

（1）增加端口，代码如下：

 # brctl addif <bridgeName> <Interface>

增加端口时，端口必须是已经存在的端口。增加端口的实质是将端口桥接到虚拟网桥上。

当一个端口桥接到虚拟网桥上时，虚拟网桥把端口当作一个二层设备使用，虚拟网桥通过端口收发数据，而原来配置在端口的 IP 地址不再起作用。

（2）删除端口，代码如下：

 # brctl delif <bridgeName> <Interface>

下面举例说明，增加端口后再删除端口，代码如下：

```
# brctl addif br0 ens33
# brctl show br0
bridge name          bridge id              STP enabled        interfaces
br0                  8000.000c29df42a4      no                 ens33
# brctl delif br0 ens33
```

4．创建永久网桥

使用 brctl 命令创建的网桥是临时的，若想创建永久网桥，则可以像配置网卡一样在 /etc/sysconfig/network-scripts/ 目录中创建一个配置文件。配置文件中的 TYPE 参数应设置为 Bridge。

下面举例说明，代码如下：

```
# vi /etc/sysconfig/network-scripts/ifcfg-br0
DEVICE=br0
TYPE=Bridge
NAME=br0
BOOTPROTO=dhcp
ONBOOT=yes
```

如果要将物理网卡桥接到虚拟网桥上，则需要修改物理网卡的配置文件。

下面举例说明，代码如下：

```
# vi /etc/sysconfig/network-scripts/ifcfg-enp5s0
TYPE=Ethernet
NAME=enp5s0
DEVICE=enp5s0
ONBOOT=yes
BRIDGE=br0
```

2.2.2　Open VSwitch

1．Open VSwitch 简介

Open VSwitch 是一种多层软件交换机，遵循 Apache2 许可证。Open VSwitch 的研发目标是打造产品级别的交换机平台，并通过支持标准化管理接口实现对转发功能的编程，进而完成扩展和控制。

Open VSwitch 支持 OpenFlow 协议。OpenFlow 协议是一种使用软件控制网络数据包流动的规范。

Open VSwitch 非常适合虚拟机环境的功能需求。此外，由于 Open VSwitch 拥有针对虚拟网络层的外部标准控制和可视化接口，所以 Open VSwitch 可用于多主机的分布式系统。

Open VSwitch 适用于多种基于 Linux 的虚拟化技术，如 Xen、XenServer、KVM 和 VirtualBox。

Open VSwitch 的主要组件如下。

➤ ovs-vswitchd：用于实现虚拟交换的后台进程。

➤ ovsdb-server：轻量级的数据库服务器，用于记录各种配置信息。

➤ ovs-dpctl：拥有交换机内核模块的配置工具。

➤ ovs-vsct：用于查询和更新 ovs-vswitchd 配置。

➤ ovs-appctl：控制 Open VSwitch 的后台进程。

➤ 一套规范和脚本。

Open vSwitch 还提供了一些其他组件。

➤ ovs-ofctl：用于查询和控制 OpenFlow 交换机和控制器。

➤ ovs-pki：创建和管理 OpenFlow PKI。

➤ ovs-testcontroller：用于测试的 OpenFlow 控制器。

➤ 为 tcpdump 开发的补丁，以便分析 OpenFlow 信息。

2．安装 Open VSwitch

Open VSwitch 不是 CentOS 自带的软件，用户可以在 OpenStack 的安装源中找到 Open VSwitch 的安装文件。

（1）设定 yum 源，代码如下：

```
[centos-base]
name=centos-base
baseurl=https://mirrors.163.com/centos/$releasever/os/$basearch***/
gpgcheck=0
enabled=1

[centos-extras]
name=centos-extras
baseurl=https://mirrors.163.com/centos/$releasever/extras/$basearch***/
gpgcheck=0
enabled=1

[openstack]
name=openstack rocky
baseurl=https://mirrors.163.com/centos/$releasever/cloud/$basearch/openstack-rocky***/
gpgcheck=0
enabled=1
```

（2）安装 Open VSwitch，代码如下：

```
# yum -y install openvswitch libibverbs
```

（3）使 OpenVSwitch 服务可用，并启动该服务，代码如下：

```
#systemctl enable openvswitch.service
# systemctl start openvswitch.service
```

3．OpenVSwitch 的常用操作

（1）增加网桥，代码如下：

```
# ovs-vsctl add-br <bridge>
```

（2）删除网桥，代码如下：

```
# ovs-vsctl del-br <bridge>
```

（3）查询网桥信息，代码如下：

```
# ovs-vsctl show
# ovs-vsctl list-br
```

（4）增加端口，代码如下：

 # ovs-vsctl add-port <bridge> <port>

下面举例说明，代码如下：

#ovs-vsctl add-port ovs-br0 p0 -- set interface p0 type=internal

说明：OpenVSwitch 只能增加已经存在的端口，但可以增加一种 internal 型的内部端口。在本例中，ovs-vsctl add-port ovs-br0 p0 命令会报错，因为端口 p0 不存在；set interface p0 type=internal 命令用于把端口 p0 设置为 internal 型，"--" 连接了两条命令，当使用 "--" 连接两条或多条命令时，只有在连接的所有命令执行成功后，配置才会生效，这样就避免了 ovs-vsctl add-port ovs-br0 p0 命令报错。

（5）列出端口，代码如下：

#ovs-vsctl list-ports <bridge>

（6）删除端口，代码如下：

 # ovs-vsctl del-port [bridge] <port>

（7）查询端口所属的网桥，代码如下：

 # ovs-vsctl port-to-br <port>

【例 2-1】操作实例。

① 创建两个网桥，然后列出网桥，代码如下：

```
# ovs-vsctl add-br ovs-br1
# ovs-vsctl add-br ovs-br2
# ovs-vsctl list-br
ovs-br1
ovs-br2
```

② 删除网桥后再列出网桥，代码如下：

```
# ovs-vsctl del-br ovs-br2
# ovs-vsctl list-br
ovs-br1
```

③ 显示网桥的详细信息，代码如下：

```
# ovs-vsctl show
0d17bb11-42d8-4e6f-8224-9dc4b6a0a1b4
    Bridge "ovs-br1"
        Port "ovs-br1"
            Interface "ovs-br1"
                type: internal
ovs_version: "2.11.0"
```

④ 给网桥增加一个 internal 型的端口，然后列出网桥的端口，代码如下：

```
# ovs-vsctl add-port ovs-br1 p0 -- set interface p0 type=internal
# ovs-vsctl list-ports ovs-br1
p0
```

⑤ 显示网桥的详细信息，代码如下：

```
# ovs-vsctl show
0d17bb11-42d8-4e6f-8224-9dc4b6a0a1b4
    Bridge "ovs-br1"
        Port "ovs-br1"
            Interface "ovs-br1"
                type: internal
        Port "p0"
            Interface "p0"
                type: internal
ovs_version: "2.11.0"
```

⑥ 查询 p0 端口属于哪个网桥，代码如下：

```
# ovs-vsctl port-to-br p0
ovs-br1
```

⑦ 删除端口 p0，然后显示网桥的详细信息，代码如下：

```
# ovs-vsctl del-port ovs-br1 p0
# ovs-vsctl show
0d17bb11-42d8-4e6f-8224-9dc4b6a0a1b4
    Bridge "ovs-br1"
        Port "ovs-br1"
            Interface "ovs-br1"
                type: internal
    ovs_version: "2.11.0"
```

4．设置 Open VSwitch 网桥

Open VSwitch 网桥的配置信息被保存在数据库中，但网桥的 IP 地址等信息没有被保存在数据库中，为了使网桥的 IP 地址永久有效，可以把网桥当作一个网卡，在/etc/sysconfig/network-scripts/目录中建立配置文件。

下面举例说明，代码如下：

```
#vi /etc/sysconfig/network-scripts/ifcfg-ovs-br0
DEVICE=ovs-br0
TYPE=OVSBridge
DEVICETYPE=ovs
ONBOOT=yes
BOOTPROTO=static
IPADDR=10.1.1.1
NETMASK=255.255.255.0
```

Ⅱ▶ 2.3 CentOS 的虚拟化

2.3.1 QEMU/KVM

1．QEMU/KVM 介绍

Red Hat 和 CentOS 从 6.0 版本开始，使用 QEMU/KVM 作为其虚拟化解决方案。

KVM（Kernel-Based Virtual Machine）即基于内核的虚拟机，负责计算资源的虚拟化。KVM 是一种全虚拟化的解决方案，基于 AMD64 架构处理器和 Intel 的 64 位处理器，可实现 Hypervisor 功能。KVM 有以下特点。

➢ 资源过载。
➢ 按需供应（Thin Provisioning）。
➢ KVM 使用 KSM（Kernel Same-Page Merging）让客户端共享相同的页，如共享库和数据。
➢ QEMU 客户代理。
➢ Hyper-V Enlightenment：实现多种 Hyper-V 兼容功能。
➢ 磁盘 I/O 设限。
➢ 自动 NUMA 均衡：NUMA 是在多 CPU 环境中的非统一内存访问。
➢ 虚拟 CPU 热增加。

QEMU 负责存储资源和网络资源的模拟。

2．libvirt

libvirt 是一种与 Hypervisor 无关的虚拟化 API。许多虚拟化管理工具（如 virsh、virt-manager、virt-install、guestfish 等）都通过 libvirt 实现对 Hypervisor 的操作。

libvirtd 后台进程根据网络和虚拟机配置文件来创建和管理虚拟机。

3．安装虚拟化软件包

（1）安装虚拟化软件包的先决条件如下。

➤ CPU：64 位，开启了虚拟化功能，使用以下命令检查 CPU 是否开启了虚拟化功能：

 # egrep 'vmx|svm' /proc/cpuinfo

➤ OS：64 位的 CentOS 或 Red Hat，6.0 以上版本。

➤ 内存容量：不少于 2GB。

➤ 存储空间：不少于 6GB。

（2）设置 yum 源。安装虚拟化软件的源除 CentOS 本身外，还要加上虚拟化有关的源。代码如下：

```
[centos-base]
name=centos-base
baseurl=https://mirrors.163.com/centos/$releasever/os/$basearch***/
gpgcheck=0
enabled=1

[centos-extras]
name=centos-extras
baseurl=https://mirrors.163.com/centos/$releasever/extras/$basearch***/
gpgcheck=0
enabled=1

[virt]
name=virt
baseurl=http://mirrors.163.com/centos/$releasever/virt/$basearch/kvm-common***/
gpgcheck=0
enabled=1
```

（3）安装软件，代码如下：

 # yum install -y qemu-kvm libvirt virt-install bridge-utils virt-manager qemu-img virt-viewer

各参数的含义如下。

➤ qemu-kvm：KVM 的基本包，包括 KVM 内核模块和 QEMU 模拟器。

➤ libvirt：提供 Hypervisor 及虚拟机管理的 API。

➤ virt-install：创建和克隆虚拟机的命令行工具。

➤ bridge-utils：Linux 网桥管理工具包，负责桥接网络的管理。

➤ virt-manager：KVM 图形化管理工具。

➤ qemu-img：QEMU 磁盘镜像管理工具。

启动 libvirtd 守护进程，代码如下：

 # systemctl start libvirtd
 # systemctl enable libvirtd

检查与 KVM 相关的内核模块，如果有输出，则说明 KVM 内核模块已加载。代码如下：

```
# lsmod |grep kvm
kvm_intel           188740      0
kvm                 637289      1 kvm_intel
irqbypass           13503       1 kvm
```

2.3.2　创建虚拟机

创建虚拟机的工具有 virt-manager 和 virt-install，除使用工具创建虚拟机外，还可以通过编写配置文件创建虚拟机。

1. 使用 virt-manager 创建虚拟机

（1）启动 virt-manager，代码如下：

#virt-manager

出现如图 2-2 所示的 Virtual Machine Manager 主界面。

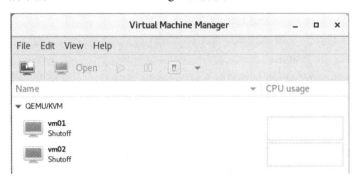

图 2-2　Virtual Machine Manager 主界面（创建虚拟机）

（2）在菜单栏中选择"File"→"New Virtual Machine"选项，出现如图 2-3 所示的 New VM 对话框，用户可选择任意一种安装方式。

KVM 支持四种安装方式，分别如下。

➢ 通过 ISO 文件安装。

➢ 通过网络安装。

➢ 通过 PXE 安装。

➢ 使用现有的磁盘镜像文件进行安装。

如果选择通过 ISO 文件安装，则会出现如图 2-4 所示的对话框。在方框 1 中选择 ISO 文件，在方框 2 中选择操作系统，也可以让 virt-manager 自动识别操作系统的类型和版本。

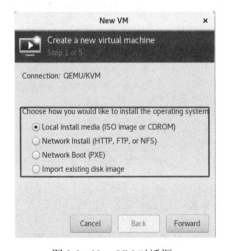

图 2-3　New VM 对话框

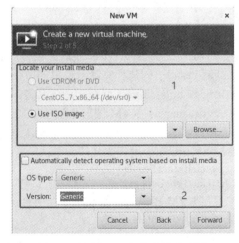

图 2-4　选择 ISO 文件和操作系统

如果选择通过网络安装，则会出现如图 2-5 所示的对话框。在方框 1 中选择 URL，在方框 2 中选择操作系统的类型和版本。

如果使用现有的磁盘镜像文件进行安装，则会出现如图 2-6 所示的对话框。在方框 1 中选择磁盘镜像文件，在方框 2 中选择操作系统的类型和版本。

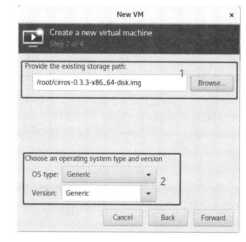

图 2-5　选择 URL 及操作系统的类型和版本　　图 2-6　选择磁盘镜像文件及操作系统的类型和版本

如果选择通过 PXE 安装，则会出现如图 2-7 所示的对话框，在方框中选择操作系统的类型和版本。

（3）在如图 2-8 所示的对话框中设置 CPU 数量和内存容量。

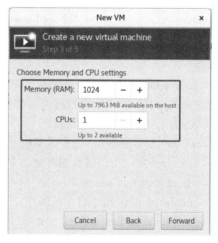

图 2-7　通过 PXE 安装，选择操作系统的类型和版本　　图 2-8　设置 CPU 数量和内存容量

（4）设置虚拟机磁盘，如图 2-9 所示。有以下两种方式可供选择。

➢ 选中"Create a disk image for the virtual machine"单选钮，输入磁盘的容量，创建新的磁盘，如图 2-9 中的方框 1 所示。

➢ 选中"Select or create custom storage"单选钮，选择预创建的磁盘，如图 2-9 中的方框 2 所示。

（5）设置虚拟机名称和网络类型。在如图 2-10 所示的对话框中，在方框 1 的 Name 文本框中输入虚拟机名称；在方框 2 的 Network selection 下拉列表中选择网络的类型。关于虚拟机网络类型的内容将在 2.3.5 节详细介绍。

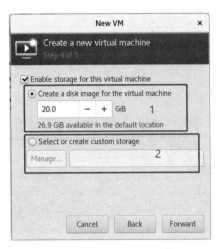

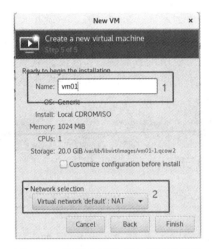

图 2-9　设置虚拟机磁盘　　　　　　图 2-10　设置虚拟机名称和网络类型

（6）完成所有设置后，virt-manager 将打开虚拟机，进入安装界面。

2．使用 virt-install 创建虚拟机

（1）使用 ISO 镜像文件创建虚拟机。

下面举例说明，代码如下：

```
# virt-install --name vm01 \
   --memory 1024\
   --vcpus 1\
   --network bridge=br0\
   --disk size=20\
   --cdrom /mnt/rhel-server-7.1-x86_64-boot.iso\
   --boot hd,cdrom\
   --graphics vnc,listen=0.0.0.0,port=5911
```

说明：

- --name vm01：指定虚拟机的名称。
- --memory 1024：指定虚拟机内存容量，单位为 M（此处为命令格式要求，实际代表 MB）。
- --vcpus 1：指定 CPU 的数量。
- --network bridge=br0：指定虚拟机的网络，在本例中，将虚拟机桥接到 br0 上。
- --disk size=20：指定磁盘的容量，单位为 G（此处为命令格式要求，实际代表 GB）。
- --cdrom /mnt/rhel-server-7.1-x86_64-boot.iso：指定 CD-ROM。
- --boot hd,cdrom：指定启动的顺序。在本例中，设置先从磁盘启动，然后从 CD-ROM 启动。
- --graphics vnc,listen=0.0.0.0,port=5911：指定使用 vnc 参数，可以选择的图形界面有 vnc 和 spice。

注意：

- 执行上述代码安装虚拟机时，需要使用 VNC 客户端程序（如 TigerVNC Viewer）连接 <ip>:5911，才能完成安装过程。
- 应暂时关闭 SELinux 和防火墙，代码如下：

```
# setenforce 0
# systemctl stop firewalld
```

- 执行代码时，要检查端口 5911 是否被占用，如果 5911 端口被占用，则使用其他端口，VNC 客户端程序应连接端口号为 5900 以上的端口。检查端口 5911 是否被占用的代码如下：

```
# netstat -tuln|grep 5911
```

（2）使用已安装好操作系统的虚拟磁盘创建虚拟机。

下面举例说明，代码如下：

```
# virt-install --name vm02 \
--memory 1024 \
--vcpus 1 \
--network bridge=br1 \
--disk /var/lib/libvirt/images/cirros.img\
--import
```

说明：

- --disk /var/lib/libvirt/images/cirros.img：用于指定虚拟磁盘文件。
- --import：表示从磁盘中导入系统。

注：

- cirros 是一个很小的镜像，大小只有十几兆字节，非常适合在测试时使用。
- cirros 镜像的用户名为 cirros，密码为 cubswin:) 。
- 使用 cirros 镜像创建的虚拟机启动较慢，其原因为虚拟机试图查找 DHCP 服务器并获取 IP 地址。我们可以为 cirros 配置静态 IP 地址，加快虚拟机的启动速度。
- 磁盘文件/var/lib/libvirt/images/cirros.img 的组和用户应设置为 qemu，权限应设置为 600。

为 cirros 配置静态 IP 地址，代码如下：

```
$ sudo vi /etc/network/interfaces
auto eth0
iface eth0 inet static
address 192.168.7.124
netmask 255.255.255.0
gateway 192.168.7.1
broadcast 192.168.7.255
```

3．使用配置文件创建虚拟机

每台虚拟机都有对应的配置文件，虚拟机的配置文件在/etc/libvirt/qemu 目录中。libvirtd 启动时会根据配置文件生成虚拟机。虚拟机的配置文件是 XML 文件。

我们可以在线编辑虚拟机的配置文件，代码如下：

```
# virsh edit <vmName>
```

使用 virsh dumpxml 命令导出虚拟机配置文件，代码如下：

```
# virsh dumpxml <vmName>
```

使用 XML 配置文件创建虚拟机的步骤如下。

（1）创建一个配置文件，可以从现有的虚拟机中复制一个 XML 文件。

（2）对新文件的以下部分进行修改。

1）修改虚拟机的名称，代码如下：

```
<name>vm03</name>
```

2）修改 uuid，代码如下：

```
<uuid>b589b8b0-4049-4a9c-9068-dc75c1e0be38</uuid>
```

3）修改磁盘文件指向新的磁盘文件，代码如下：

```
<disk type='file' device='disk'>
    <source file='/var/lib/libvirt/images/vm02.qcow2'/>
</disk>
```

4）修改网卡的 MAC 地址，代码如下：

```
<interface type='direct'>
```

```
<mac address='52:54:00:0a:7e:8a'/>
......
</interface>
```

（3）复制对应的磁盘。虚拟机的磁盘默认在/var/lib/libvirt/images/目录中。

（4）创建虚拟机，代码如下：

 # virsh define <xml 文件>

【例 2-2】使用配置文件创建虚拟机操作实例。

列出系统已有的虚拟机，即 vm01 和 vm02，代码如下：

```
# virsh list --all
 Id     Name                         State
--------------------------------------------------
 -      vm01                         shut off
 -      vm02                         shut off
```

复制磁盘文件，注意目标文件夹也是/var/lib/libvirt/images/，代码如下：

 # cp /var/lib/libvirt/images/cirros.img /var/lib/libvirt/images/cirros03.img
 # chown qemu:qemu /var/lib/libvirt/images/cirros03.img
 # chmod 600 /var/lib/libvirt/images/cirros03.img

复制配置文件，代码如下：

 # cp /etc/libvirt/qemu/vm02.xml vm03.xml

修改配置文件，代码如下：

 # vi vm03.xml
 # vi vm03.xml |grep -Ei "<name>|uuid|images|mac address"
```
<name>vm03</name>
<uuid>b589b8b0-4049-4a9c-9068-dc75c1e0be38</uuid>
<source file='/var/lib/libvirt/images/cirros03.img'/>
<mac address='52:54:00:52:14:87'/>
```

创建虚拟机，代码如下：

 # virsh define vm03.xml
```
Domain vm03 defined from vm03.xml
```

列出系统中的虚拟机，代码如下：

```
# virsh list --all
 Id     Name                         State
--------------------------------------------------
 -      vm01                         shut off
 -      vm02                         shut off
 -      vm03                         shut off
```

4．删除虚拟机

删除虚拟机，代码如下：

#virsh undefine vm02

删除虚拟机时，虚拟机对应的磁盘文件没有被删除，可以将其手动删除。

2.3.3　虚拟机管理

1．使用 virt-manager 管理虚拟机

（1）启动 virt-manager，代码如下：

 # virt-manager

（2）在如图 2-11 所示的 Virtual Machine Manager 主界面中可进行如下操作。

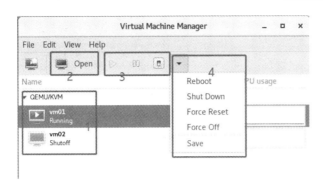

图 2-11   Virtual Machine Manager 主界面（管理虚拟机）

在方框 1 中选择一台虚拟机。

在方框 2 中单击 "Open" 按钮，打开虚拟机，将进入如图 2-12 所示的虚拟机界面。

在方框 3 中单击 "启动" 按钮、"暂停" 按钮或 "关闭" 按钮，可以启动虚拟机、暂停虚拟机或关闭虚拟机。

在方框 4 中单击下拉列表按钮，可以在下拉列表中选择相应选项来重启虚拟机、关闭虚拟机、强制重启虚拟机、强制关闭虚拟机或保存虚拟机的当前状态。

（3）配置虚拟机硬件。在如图 2-12 所示的虚拟机界面中单击 按钮（左侧方框中标 "2" 的位置），或者在 View 菜单中选择 Detail 选项（右侧方框中标 "2" 的位置），进入虚拟机配置界面，如图 2-13 所示。

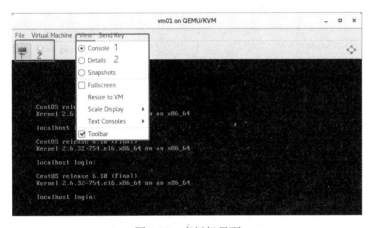

图 2-12   虚拟机界面

在图 2-13 中，在方框 1 中选择要配置的项目，在方框 2 中设置参数，单击方框 3 中的 "Add Hardware" 按钮可以增加硬件。

（4）删除虚拟机。在 Virtual Machine Manager 主界面中，选择某台虚拟机，在菜单栏中选择 "Edit" → "Delete" 选项，删除虚拟机。

2. 使用命令管理虚拟机

（1）查询虚拟机信息，代码如下：

```
# virsh list [--all]
```

其中，--all 表示列出所有虚拟机，包括处于关闭状态的虚拟机。

（2）开启虚拟机，代码如下：

```
# virsh start <vmName>
```

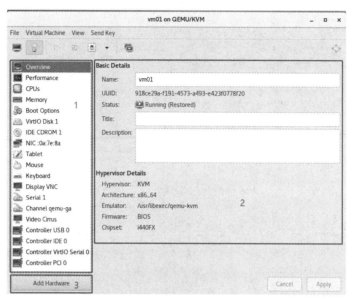

图 2-13　虚拟机配置界面

（3）重启虚拟机，代码如下：

 # virsh reboot <vmName>

（4）关闭虚拟机，代码如下：

 # virsh shutdown <vmName>

（5）强制断电，代码如下：

 # virsh destroy <vmName>

（6）设置虚拟机随宿主机开机自启，代码如下：

 # virsh autostart <vmName>

（7）取消开机自启，代码如下：

 # virsh autostart --disable <vmName>

【例 2-3】虚拟机管理操作实例。

列出虚拟机，代码如下：

```
# virsh list --all
 Id    Name                            State
--------------------------------------------------
 -     vm01                            shut off
 -     vm02                            shut off
 -     vm03                            shut off
```

启动虚拟机 vm03，代码如下：

```
# virsh start vm03
Domain vm03 started
```

列出虚拟机，代码如下：

```
# virsh   list
 Id    Name                            State
--------------------------------------------------
 3     vm03                            running
```

设置虚拟机 vm03 自动启动，代码如下：

```
# virsh autostart vm03
Domain vm03 marked as autostarted
```

设置虚拟机 vm03 不自动启动，代码如下：

```
# virsh autostart --disable vm03
Domain vm03 unmarked as autostarted
```
重启虚拟机 vm03，代码如下：
```
# virsh reboot vm03
Domain vm03 is being rebooted
```
强制停机 vm03，代码如下：
```
# virsh destroy vm03
Domain vm03 destroyed
```

3．使用 virsh console 命令连接虚拟机

当虚拟机不能通过 SSH 连接时，可以使用 virsh console 命令连接虚拟机，但只能在宿主机上进行操作。

使用 CentOS 镜像创建的虚拟机，在使用 virsh console 命令连接虚拟机之前，要先配置虚拟机，操作步骤如下。

（1）关闭虚拟机。

（2）编辑虚拟机的/etc/securetty 文件，在文件的末尾增加代码"ttyS0"。

注：因为还没有连接虚拟机，所以修改文件的方法可以参考 guestfish 工具的使用方法。

（3）编辑/etc/grub.conf 文件，在代码"kernel"一行的末尾增加"console=ttyS0"。

（4）编辑/etc/inittab 文件，在文件的末尾增加如下代码：
```
S0:12345:respawn:/sbin/agetty ttyS0 115200
```
（5）重启虚拟机。

（6）连接虚拟机，代码如下：
```
# virsh console <vmName>
```

4．guestfish 工具

guestfish 工具可以在虚拟机关机的情况下，对磁盘文件进行修改。

guestfish 工具默认没有被安装，使用如下命令安装 guestfish 工具：
```
# yum install -y libguestfs-tools
```
guestfish 工具目前只能用于安装 CentOS、Red Hat 操作系统的磁盘文件。如果想用于安装 Windows 操作系统的磁盘文件，则还需要安装 libguestfs-winsupport，代码如下：
```
# yum install -y libguestfs-winsupport
```
连接虚拟机磁盘镜像文件，操作步骤如下。

（1）关闭虚拟机，代码如下：
```
# virsh shutdown <vmName>
```
（2）添加磁盘镜像文件到 guestfish，代码如下：
```
# guestfish -i -w -a <磁盘文件>
```
也可以使用如下代码：
```
# guestfish -i -w -d <虚拟机名称>
```
说明：
- -a 表示添加一个镜像。
- -d 表示添加一台虚拟机。
- -w 表示以读写方式挂载镜像。
- -i 表示自动挂载文件系统。

使用 guestfish 工具的实质是启动了一台虚拟机，virsh list 命令的输出结果的形式如下：
```
# virsh list
 Id    Name                           State
```

```
-----------------------------------------------------
 4      guestfs-wu66cq90s1wythec         running
```

（3）处理文件。

1）列出文件，代码如下：

/<fs> find <path>

2）编辑文件，代码如下：

/<fs> edit <fileName>

3）复制宿主机文件到虚拟机中，代码如下：

/<fs> copy-in <host fileName> <guest path>

4）复制虚拟机文件到宿主机中，代码如下：

/<fs> copy-out <guest fileName> <host path>

（4）退出 guestfish 工具，代码如下：

/<fs> exit

5. 管理虚拟机快照

（1）使用 virsh 命令管理快照。

1）创建快照，代码如下：

 # virsh snapshot-create-as --domain <vmName> --name <snapName>

快照被默认保存在/var/lib/libvirt/qemu/snapshot 目录中。

2）查询快照信息，代码如下：

 # virsh snapshot-list <vmName>

3）恢复虚拟机到快照，代码如下：

 # virsh snapshot-revert <vmName> <snapName>

4）删除快照，代码如下：

 # virsh snapshot-delete <vmName> <snapName>

【例 2-4】使用 virsh 命令管理快照操作实例。

列出虚拟机，代码如下：

```
# virsh list --all
 Id    Name                            State
-----------------------------------------------------
 -     vm01                            shut off
 -     vm02                            shut off
 -     vm03                            shut off
```

创建快照，代码如下：

```
# virsh snapshot-create-as --domain vm03 --name snap1
Domain snapshot snap1 created
```

列出虚拟机 vm03 的快照，代码如下：

```
# virsh snapshot-list vm03
 Name                   Creation Time                 State
-----------------------------------------------------
 snap1                  2021-07-12 11:02:16 +0800 shutoff
```

启动虚拟机 vm03，代码如下：

```
# virsh start vm03
Domain vm03 started
```

使用 console 命令连接虚拟机 vm03，并创建文件 a.txt，使用 cirros 镜像创建的虚拟机无须修改，就能使用 console 命令进行连接，代码如下：

```
# virsh console vm03
Connected to domain vm03
Escape character is ^]
```

```
cirros login: cirros
Password:
$ ls
$ touch a.txt
$ ls
a.txt
```

恢复到快照，代码如下：

```
# virsh destroy vm03
# virsh snapshot-revert vm03 snap1
```

使用 virsh console 命令连接虚拟机，代码如下：

```
# virsh start vm03
Domain vm03 started
# virsh console vm03
Connected to domain vm03
Escape character is ^]
login as 'cirros' user. default password: 'cubswin:)'. use 'sudo' for root.
cirros login: cirros
Password:
$ ls
```

从上述代码中可以看出，没有找到文件 a.txt。

删除快照，代码如下：

```
# virsh snapshot-delete vm03 snap1
Domain snapshot snap1 deleted
# virsh snapshot-list vm03
 Name                     Creation Time                State
---------------------------------------------------------------
```

（2）使用 qemu-img 命令管理快照。

1）创建快照，代码如下：

```
# qemu-img snapshot -c <snapName> /var/lib/libvirt/images/<磁盘文件>
```

2）查询快照信息，代码如下：

```
# qemu-img snapshot -l /var/lib/libvirt/images/<磁盘文件>
```

3）恢复快照，代码如下：

```
#qemu-img snapshot -a <snapName> /var/lib/libvirt/images/<磁盘文件>
```

4）删除快照，代码如下：

```
# qemu-img snapshot -d <snapName> /var/lib/libvirt/images/<磁盘文件>
```

【例 2-5】使用 qemu-img 命令管理快照操作实例。

创建快照，代码如下：

```
# qemu-img snapshot -c snap1 /var/lib/libvirt/images/cirros03.img
```

查询快照，代码如下：

```
# qemu-img snapshot -l /var/lib/libvirt/images/cirros03.img
Snapshot list:
ID        TAG        VM SIZE      DATE               VM CLOCK
1         snap1      0            2021-07-12 11:17:25 00:00:00.000
```

启动虚拟机 vm03，使用 virsh console 命令连接虚拟机，并创建文件 a.txt，代码如下：

```
# virsh start vm03
Domain vm03 started
# virsh console vm03
Connected to domain vm03
Escape character is ^]
cirros login: cirros
Password:
$ ls
```

```
$ touch a.txt
$ ls
a.txt
```

恢复快照，代码如下：

```
# virsh destroy vm03
# qemu-img snapshot -a snap1 /var/lib/libvirt/images/cirros03.img
```

使用 virsh console 命令连接虚拟机，代码如下：

```
# virsh start vm03
Domain vm03 started
# virsh console vm03
Connected to domain vm03
Escape character is ^]
login as 'cirros' user. default password: 'cubswin:)'. use 'sudo' for root.
cirros login: cirros
Password:
$ ls
```

从上述代码中可以看出，没有找到文件 a.txt。

删除快照，代码如下：

```
# qemu-img snapshot -d snap1 /var/lib/libvirt/images/cirros03.img
# qemu-img snapshot -l /var/lib/libvirt/images/cirros03.img
```

（3）使用 virt-manager 管理快照。在如图 2-12 所示的虚拟机界面中，在菜单栏中选择"View"→"Snapshots"选项，进入如图 2-14 所示的快照管理界面。

图 2-14　快照管理界面

在图 2-14 中，单击方框 2 中的■按钮，可以创建新的快照。

在图 2-14 的方框 1 中选择某个快照，单击方框 2 中的■按钮，可以将虚拟机恢复到快照。

在图 2-14 中，单击方框 2 中的■按钮，可以刷新快照列表。

在图 2-14 的方框 1 中选择某个快照，单击方框 2 中的■按钮，可以删除快照。

2.3.4　虚拟机存储

1．存储池与卷

虚拟机使用卷来模拟磁盘，而卷是建立在存储池的基础上的。存储池指可以提供存储空间的地方。

QEMU/KVM 支持多种类型的存储池：文件系统目录、物理磁盘、预格式化的块设备、网络存储（如 glusterfs、iSCSI、netfs、ceph）。

2．使用 virt-manager 管理存储池

管理存储池可以使用 virt-manager 和 virsh 命令。

在 Virtual Machine Manager 主界面的菜单栏中，选择"Edit"→"Connection Details"选项，进入如图 2-15 所示的 Connection Details 界面。

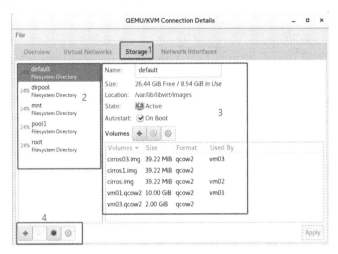

图 2-15　Connection Details 界面

方框 1 中的"storage"选项卡用于显示存储管理界面。

方框 2 用于显示系统已有的存储池，选择某个存储池后，就可以在方框 3 中看到存储池的设置和存储池中的卷。

方框 4 中的 4 个按钮，从左到右分别是"增加存储池"按钮、"启动存储池"按钮、"停止存储池"按钮和"删除存储池"按钮。

单击"增加存储池"按钮，可以增加存储池，打开如图 2-16 所示的存储池类型选择对话框。

选择存储池的类型后，单击"Forward"按钮，打开如图 2-17 所示的参数选择对话框。请注意，存储池的类型不同，参数也有所不同。

对于文件系统目录型存储池，只要选择一个目标目录即可。

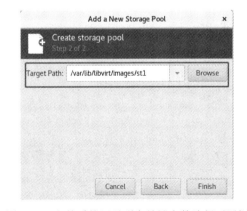

图 2-16　存储池类型选择对话框　　图 2-17　文件系统目录型存储池参数选择对话框

一个存储池被创建后，还要执行 build 命令才能使用。通过 virt-manager 创建的存储池默认会执行 build 命令并启动。

3．使用 virsh 命令管理存储池

（1）列出已有的存储池，代码如下：

```
# virsh pool-list --all
```

（2）定义存储池。如果是目录型存储池，那么要预先创建好一个目录，代码如下：

```
# virsh pool-define-as <poolName> --type dir --target <targetPath>
```

（3）使用 build 命令创建存储池，代码如下：

```
# virsh pool-build <poolName>
```

（4）激活存储池，代码如下：

```
# virsh pool-start <poolName>
```

（5）设置存储池自动启动，代码如下：

```
# virsh pool-autostart <poolName>
```

（6）查询存储池的信息，代码如下：

```
# virsh pool-info <poolName>
```

（7）查询存储池 XML 配置文件，代码如下：

```
# virsh pool-dumpxml <poolName>
```

【例 2-6】使用 virsh 命令管理存储池操作实例。

列出当前的存储池，代码如下：

```
# virsh pool-list --all
 Name             State      Autostart
-------------------------------------------------
 default          active     yes
```

从上述代码中可以看出，当前有一个名为 default 的默认存储池。

创建目录，定义存储池，代码如下：

```
# mkdir /data
# virsh pool-define-as data --type dir --target /data
Pool data defined
```

列出存储池，代码如下：

```
# virsh pool-list --all
 Name             State      Autostart
-----------------------------------------
 data             inactive   no
 default          active     yes
```

发现多了一个名为 data 的存储池，该存储池的状态是 inactive，没有设置自动启动。

创建存储池，代码如下：

```
# virsh pool-build data
Pool data built
```

启动存储池，代码如下：

```
# virsh pool-start data
Pool data started
```

列出存储池，注意状态已经发生变化，代码如下：

```
# virsh pool-list --all
 Name             State      Autostart
-----------------------------------------
 data             active     no
 default          active     yes
```

设置存储池自动启动，代码如下：

```
# virsh pool-autostart data
Pool data marked as autostarted
# virsh pool-list --all
 Name             State      Autostart
```

```
-----------------------------------------
data                    active      yes
default                 active      yes
```

查看存储池的信息，代码如下：

```
# virsh pool-info data
Name:              data
UUID:              242dbc0a-bff7-4e7c-8fb9-e2607c6c8afe
State:             running
Persistent:        yes
Autostart:         yes
Capacity:          34.98 GiB
Allocation:        8.54 GiB
Available:         26.44 GiB
# virsh pool-dumpxml data
<pool type='dir'>
  <name>data</name>
  <uuid>242dbc0a-bff7-4e7c-8fb9-e2607c6c8afe</uuid>
  <capacity unit='bytes'>37558423552</capacity>
  <allocation unit='bytes'>9173127168</allocation>
  <available unit='bytes'>28385296384</available>
  <source>
  </source>
  <target>
    <path>/data</path>
    <permissions>
      <mode>0755</mode>
      <owner>0</owner>
      <group>0</group>
      <label>unconfined_u:object_r:default_t:s0</label>
    </permissions>
  </target>
</pool>
```

4．使用 virt-manager 管理卷

存储池创建成功后就可以创建并管理卷了，管理卷可以使用 virt-manager、virsh 命令和 qemu-img 命令。启动 virt-manager，在 Virtual Machine Manager 主界面的菜单栏中选择"Edit"→"Connection Details"选项，在打开的 Connection Details 界面中选择"Storage"选项卡，存储池界面如图 2-18 所示。

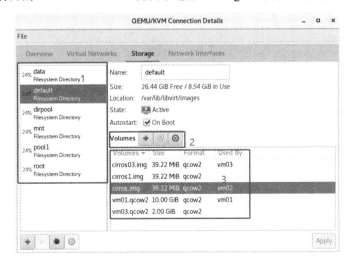

图 2-18　存储池界面

在存储池界面的方框 1 中选择一个存储池，则在方框 3 中会列出存储池中所有的卷，选择某个卷，单击方框 2 中的 ⊗ 按钮就可以删除卷。如果想增加卷，则单击方框 2 中的 ✦ 按钮，便会出现如图 2-19 所示的增加卷对话框。

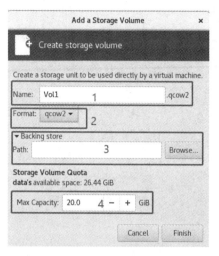

图 2-19　增加卷对话框

在增加卷对话框的方框 1 的 Name 文本框中输入卷的名称；在方框 2 的 Format 下拉列表中选择卷的格式，此处建议选择"qcow2"选项，因为 qcow2 是 QEMU 的默认格式，支持按需供应；在方框 3 中设置快照存放的路径，这一步为可选操作；在方框 4 的数值调整框中设置卷的大小。

5. 使用 virsh 命令管理卷

（1）创建卷，代码如下：

```
# virsh vol-create-as <pool> <name> <capacity> [--allocation <string>] [--format <string>]
[--backing-vol <string>] [--backing-vol-format <string>] [--prealloc-metadata] [--print-xml]
```

说明：

➤ [--pool] <string>：存储池名。

➤ [--name] <string>：卷名。

➤ [--capacity] <string>：卷的大小，默认单位是字节，可以使用 M、G 作为单位（此处为命令格式要求，实际代表 MB、GB）。

➤ --allocation <string>：初始分配的空间，单位是字节。

➤ --format <string>：文件格式，支持 raw、bochs、qcow、qcow2、qed、vmdk。

➤ --backing-vol <string>：拍快照时，快照存放的路径。

➤ --backing-vol-format <string>：快照卷的格式。

➤ --prealloc-metadata：预分配元数据。

➤ --print-xml：只打印 XML 文件，不创建卷。

（2）列出卷，代码如下：

```
# virsh vol-list <pool> [--details]
```

如果使用了--details 选项，会列出详细信息。

（3）查询 XML 卷的信息，代码如下：

```
# virsh vol-dumpxml <vol> [--pool <string>]
```

（4）删除卷，代码如下：

```
# virsh vol-delete <vol> [--pool <string>] [--delete-snapshots]
```

如果使用了--delete-snapshots 命令，那么快照也会被一并删除。

【例 2-7】使用 virsh 命令管理卷操作实例。

创建卷，并查询卷的信息，代码如下：

```
# virsh vol-create-as data vol1 1G
Vol vol1 created
# virsh    vol-list data --details
 Name   Path            Type Capacity    Allocation
---------------------------------------------
 vol1   /data/vol1      file   1.00 GiB    1.00 GiB
# virsh    vol-dumpxml vol1 data
<volume type='file'>
  <name>vol1</name>
  <key>/data/vol1</key>
  <source>
  </source>
  <capacity unit='bytes'>1073741824</capacity>
  <allocation unit='bytes'>1073741824</allocation>
  <physical unit='bytes'>1073741824</physical>
  <target>
    <path>/data/vol1</path>
    <format type='raw'/>
    <permissions>
      <mode>0600</mode>
      <owner>0</owner>
      <group>0</group>
      <label>system_u:object_r:default_t:s0</label>
    </permissions>
    <timestamps>
      <atime>1626076742.667685801</atime>
      <mtime>1626076720.988510906</mtime>
      <ctime>1626076720.988510906</ctime>
</timestamps>
    </target>
</volume>
```

删除卷，代码如下：

```
# virsh    vol-delete vol1 data
Vol vol1 deleted
```

6. 使用 qemu-img 命令管理卷

（1）创建卷，代码如下：

```
#qemu-img create [-q] [-f fmt] [-o options] filename [size]
```
说明：

- -f fmt：指定磁盘文件格式，建议使用 qcow2 格式。
- size：指定卷大小，单位可以是 K、M、G、T、P、E（此处为命令格式要求，实际代表 KB、MB、GB、TB、PB、EB）。

（2）查询卷的信息，代码如下：

```
# qemu-img info [-f fmt] <filename>
```
（3）转换卷的格式，代码如下：

```
#qemu-img convert [-f fmt] [-O output_fmt] <filename> <output_filename>
```
说明：

- -f fmt：输入格式。

- -O output_fmt：输出格式。

（4）调整大小，代码如下：

```
# qemu-img resize filename [+ | -]size
```

【例 2-8】使用 qemu-img 命令管理卷操作实例。

创建卷，代码如下：

```
# qemu-img create -f qcow2 /var/lib/libvirt/images/vol1.qcow2 1G
Formatting    '/var/lib/libvirt/images/vol1.qcow2',    fmt=qcow2    size=1073741824    encryption=off
cluster_size=65536 lazy_refcounts=off
```

查看目录/var/lib/libvirt/images 的变化，代码如下：

```
ls /var/lib/libvirt/images
vol1.qcow2
```

查询卷的信息，代码如下：

```
# qemu-img info /var/lib/libvirt/images/vol1.qcow2
image: /var/lib/libvirt/images/vol1.qcow2
file format: qcow2
virtual size: 1.0G (1073741824 bytes)
disk size: 196K
cluster_size: 65536
Format specific information:
    compat: 1.1
lazy refcounts: false
```

转换卷的格式，代码如下：

```
# qemu-img convert -f qcow2 -O raw \
/var/lib/libvirt/images/vol1.qcow2 /var/lib/libvirt/images/vol1.img
# ls /var/lib/libvirt/images
vol1.img    vol1.qcow2
```

改变卷的大小，代码如下：

```
# qemu-img resize /var/lib/libvirt/images/vol1.qcow2 +1G
Image resized.
```

2.3.5　虚拟机网络

1．虚拟机的网络类型

KVM 虚拟机支持以下网络类型。

➢ 虚拟网络，QEMU 定义的虚拟网络，每个虚拟网络关联一个 Linux 网桥。

➢ 与物理设备直接相连，使用宿主机的物理网络。

➢ 使用支持 PCIe SR-IOV 的子设备，有些网卡支持 SR-IOV 子设备，虚拟机可以使用其中一台子设备。

➢ 桥接网络，与虚拟网桥相连。

2．虚拟网络

QEMU 的虚拟网络可以分为三种模式。

➢ NAT：虚拟机可以通过 NAT 方式与外界通信，必须将内核参数 net.ipv4.ip_forward 设置为 1。

➢ Routed：虚拟机通过路由方式与外界通信，必须将内核参数 net.ipv4.ip_forward 设置为 1。

➢ 隔绝：不与外界通信。

为了让虚拟机可以与外界通信，需要修改 Linux 的内核参数。将内核参数 net.ipv4.ip_forward 设置为 1，可以使 Linux 开启包转发功能，代码如下：

```
#vi /etc/sysctl.conf
net.ipv4.ip_forward = 1
# sysctl -p
```

每个虚拟网络对应一个 XML 格式的配置文件,配置文件存放在/etc/libvirt/qemu/networks 目录下。

(1)使用 virt-manager 管理虚拟网络。

打开 virt-manager,从 Virtual Machine Manager 主界面进入 Connection Details 界面,选择 Virtual Networks 选项卡,进入虚拟网络管理界面,如图 2-20 所示。

1)在方框 1 中选择一个虚拟网络,在方框 2 中可以修改虚拟网络的参数。

2)在方框 1 中选择一个虚拟网络,在方框 3 中单击 按钮,可以删除所选的虚拟网络。

3)在方框 1 中选择一个虚拟网络,在方框 3 中单击 按钮可以停止所选的虚拟网络,在方框 3 中单击 按钮可以启动所选的虚拟网络。

4)在方框 3 中单击 按钮,开始创建虚拟网络。

图 2-20　虚拟网络管理界面

单击 "Apply" 按钮,进入虚拟网络名称设置对话框,如图 2-21 所示,在文本框中输入虚拟网络的名称。

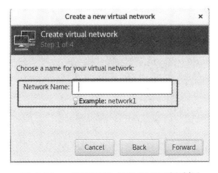

图 2-21　虚拟网络名称设置对话框

单击 "Forward" 按钮,进入虚拟网络 IP 地址和 DHCP 设置对话框,如图 2-22 所示。在方框 1 中设置 IP 地址,在方框 2 中设置是否启用 DHCP 服务,以及 DHCP 服务的 IP 地址范围。

单击 "Forward" 按钮,进入虚拟网络类型设置对话框,如图 2-23 所示,选择虚拟网络的模式。

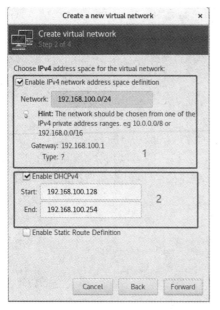

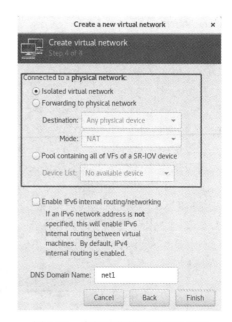

图 2-22　虚拟网络 IP 地址和 DHCP 设置对话框 　　图 2-23　虚拟网络模式设置对话框

完成设置后，单击"Finish"按钮。

（2）使用 virsh 命令管理虚拟网络。

1）列出虚拟网络，代码如下：

 # virsh net-list [--all]

说明：--all 用于列出所有虚拟网络，包括没有被激活的虚拟网络。

2）创建虚拟网络，代码如下：

 # virsh net-create <xmlfile>

虚拟网络的配置文件是 XML 格式的，可以使用 XML 文件创建网络，XML 文件的操作实例将在之后介绍。

3）启动虚拟网络，代码如下：

 # virsh net-start <net_name>

4）停止虚拟网络，代码如下：

 # virsh net-destroy <net_name>

5）设置自动启动，代码如下：

 # virsh net-autostart <net_name>
 # virsh net-autostart <net_name> --disable

说明：--disable 用于取消网络的自动启动功能。

6）查看网络的配置文件，代码如下：

 # virsh net-dumpxml <net_name>

7）删除网络，代码如下：

 # virsh net-undefine <net_name>

【例 2-9】虚拟网络配置文件操作实例。

使用 NAT 模式的虚拟网络配置文件，代码如下：

```
<network>
  <name>default</name>
  <uuid>8fbb6cc4-7f6a-4dea-ab42-5cf8f9f6305d</uuid>
  <forward mode='nat'/>
  <bridge name='virbr0' stp='on' delay='0'/>
```

```
  <mac address='52:54:00:77:fa:80'/>
  <ip address='192.168.122.1' netmask='255.255.255.0'>
    <dhcp>
      <range start='192.168.122.2' end='192.168.122.254'/>
    </dhcp>
  </ip>
</network>
```

使用 Routed 模式的虚拟网络配置文件，代码如下：

```
<network>
  <name>net-routed</name>
  <uuid>0fc53334-3fdd-47e9-a2f0-0d26c6e0e47c</uuid>
  <forward dev='ens33' mode='route'>
    <interface dev='ens33'/>
  </forward>
  <bridge name='virbr1' stp='on' delay='0'/>
  <mac address='52:54:00:ef:4c:56'/>
  <domain name='net-routed'/>
  <ip address='192.168.123.1' netmask='255.255.255.0'>
  </ip>
  <route family='ipv4' address='192.168.1.0' prefix='24' gateway='192.168.123.1'/>
</network>
```

使用 isolated 模式的虚拟网络配置文件，代码如下：

```
<network>
  <name>net-isolated</name>
  <uuid>fc2d7b80-712c-44c4-8f60-e8f87da748f4</uuid>
  <bridge name='virbr2' stp='on' delay='0'/>
  <mac address='52:54:00:3f:d5:cc'/>
  <domain name='net-isolated'/>
  <ip address='192.168.124.1' netmask='255.255.255.0'>
  </ip>
</network>
```

（3）配置虚拟机使用虚拟网络。

这里只介绍通过修改虚拟机配置文件的方法配置虚拟机使用虚拟网络。通过 virt-manager 配置虚拟机使用虚拟网络将在之后介绍。

修改虚拟机配置文件，代码如下：

 # virsh edit <vmName>

在虚拟机配置文件中，从<interface type=">到</interface>的这部分内容为网络设置部分。修改配置文件中的网络设置应在虚拟机停止状态下进行。

【例 2-10】修改配置文件的网络设置操作实例。代码如下：

```
<interface type='network'>
<mac address='52:54:00:0a:7e:8a'/>
<source network='default'/>
<model type='virtio'/>
<address type='pci' domain='0x0000' bus='0x00' slot='0x03' function='0x0'/>
</interface>
```

说明：

- <interface type='network'>：使用虚拟网络。
- <source network='default'/>：虚拟网络的名称。
- <model type='virtio'/>：网络硬件类型，支持 e1000 型、rtl8139 型和 virtio 型，virtio 型是准虚拟化网络适配器，有些操作系统需要安装额外的驱动程序才能使用 virtio 型网络适配器。

3. 桥接网络

桥接网络就是让虚拟机连接到 Linux 网桥，桥接网络前需要先创建网桥，创建网桥的方法详见 2.2.1 节。

让虚拟机使用桥接网络。对虚拟机配置文件进行修改，代码如下：

```
<interface type='bridge'>
    <mac address='52:54:00:0a:7e:8a'/>
    <source bridge='br1'/>
    <model type='virtio'/>
    <address type='pci' domain='0x0000' bus='0x00' slot='0x03' function='0x0'/>
</interface>
```

说明：

- <interface type='bridge'>：指定虚拟机使用网桥。
- <source bridge='br1'/>：指定网桥的名称。
- <model type='virtio'/>：网络硬件类型，支持 e1000 型、rtl8139 型和 virtio 型。

4. 物理网络

虚拟机可以直接使用主机的物理网卡。

使用物理网络时有以下四种模式。

➢ vepa：所有包被送往外部交换机。目的地为同一宿主机的虚拟机被 vepa 交换机返回宿主机中（要求外部交换机支持 vepa，一般的交换机不支持 vepa）。

➢ bridge：目的地为同一宿主机的虚拟机的包被直接发送，条件是发送和接收的虚拟机都是 bridge 模式的，否则按 vepa 模式处理。

➢ private：所有包被送往外部交换机，对于目的地为同一宿主机的虚拟机，包被送往外部网关，网关设备把它们送回物理机，条件是源和目标都是 private 模式。

➢ passthrough：将虚拟机直接绑定到支持虚拟功能的 SR-IOV 设备上，所有包被送往设备的 VF/IF。

让虚拟机使用物理网络。对虚拟机配置文件进行修改，代码如下：

```
<interface type='direct'>
    <mac address='52:54:00:0a:7e:8a'/>
    <source dev='ens33' mode='vepa'/>
    <model type='virtio'/>
    <address type='pci' domain='0x0000' bus='0x00' slot='0x03' function='0x0'/>
</interface>
```

说明：

- <interface type='direct'>：指定虚拟机使用物理网络。
- <mac address='52:54:00:0a:7e:8a'/>：网络的 MAC 地址。
- <source dev='ens33' mode='vepa'/>：指定要使用的物理网络。
- <model type='virtio'/>：网络硬件类型，支持 e1000 型、rtl8139 型和 virtio 型。

5. Open VSwitch 虚拟网桥

QEMU/KVM 虚拟机也可以使用 Open VSwitch 虚拟网桥。当然，使用前必须先创建好 Open VSwitch 网桥，Open VSwitch 网桥的创建方法详见 2.2.2 节。

使用 Open VSwitch 网桥有两种方法：第一种方法，通过桥接使用 Open VSwitch 网桥；第二种方法，通过虚拟网络使用 Open VSwitch 网桥。

（1）通过桥接使用 Open VSwitch 网桥。

编辑虚拟机的配置文件，代码如下：

```
<interface type='bridge'>
    <mac address='52:54:00:71:b1:b6'/>
    <source bridge='ovsbr'/>
    <virtualport type='openvswitch'/>
    <address type='pci' domain='0x0000' bus='0x00' slot='0x03' function='0x0'/>
</interface>
```

说明：

- <interface type='bridge'>：指定桥接模式，和 Linux 网桥一样。
- <source bridge='ovsbr'/>：指定要桥接的 Open VSwitch 网桥。
- <virtualport type='openvswitch'/>：指定虚拟接口的类型，此参数项非常重要。

（2）通过虚拟网络使用 Open VSwitch 网桥。

创建虚拟网络配置文件，代码如下：

```
<network>
    <name>ovsbr</name>
    <forward mode='bridge'/>
    <bridge name=' ovsbr '/>
    <virtualport type='openvswitch'/>
</network>
```

说明：

- <forward mode='bridge'/>：将转发模式设置为 bridge。
- <bridge name=' ovsbr '/>：指定 Open VSwitch 网桥的名称。
- <virtualport type='openvswitch'/>：指定网桥的类型。

创建好配置文件后，创建虚拟网络并启动网络，代码如下：

```
#virsh net-define ovsbr.xml
#virsh net-start ovsbr
#virsh net-autostart ovsbr
```

配置虚拟机使用虚拟网络"ovsbr"，代码如下：

```
<interface type='network'>
    <mac address='52:54:00:0a:7e:8a'/>
    <source network='ovsbr' />
    <model type='virtio'/>
    <address type='pci' domain='0x0000' bus='0x00' slot='0x03' function='0x0'/>
</interface>
```

6．设置虚拟机网络

如图 2-24 所示，打开 Virtual Machine Manager 主界面，在方框 1 中选择要设置的虚拟机，然后单击方框 2 中的"Open"按钮，打开如图 2-25 所示的虚拟机网络设置界面。

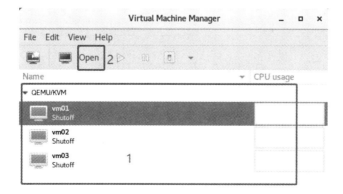

图 2-24　在 Virtual Machine Manager 主界面中单击"Open"按钮

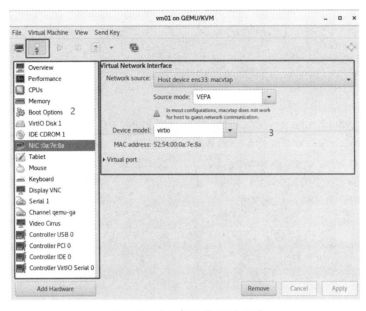

图 2-25 虚拟机网络设置界面

在虚拟机网络设置界面中，单击方框 1 中的 ▣ 按钮，开始硬件配置，在方框 2 中选择网卡，在方框 3 中设置虚拟机网络。

2.4 Overlay 网络

2.4.1 VXLAN 技术

1. VLAN 技术

VLAN 是虚拟局域网的简称，是一种二层网络技术，工作于数据链路层；VLAN 将一个网络在逻辑上划分成多个网络。VLAN 实现了网络的隔离，减少了广播风暴，提高了网络的吞吐率。

VLAN 有多种形式：基于端口的 VLAN、基于 IP 地址的 VLAN、基于 MAC 地址的 VLAN，最常用的是基于端口的 VLAN。

VLAN 的帧格式如图 2-26 所示。

图 2-26 VLAN 的帧格式

说明：

- Type：长度为 2 字节，表示帧类型。当取值为 0x8100 时，表示 802.1Q Tag 帧。
- Priority：长度为 3 比特，表示帧的优先级，取值范围为 0～7，值越大则优先级越高。
- CFI：长度为 1 比特，当 CFI 为 0 时，表示当前是以太网帧，当 CFI 为 1 时，表示当前为其他类型的帧，如 FDDI 帧和令牌网帧等。

- VID：长度为 12 比特，表示该帧所属的 VLAN。由于 VID 的长度只有 12 比特，所以理论上 VLAN 的数量只有 4096 个。

2．VXLAN 技术

（1）传统数据中心使用 VLAN 作为隔离技术，随着云计算技术的应用越来越广泛，虚拟机数量呈几何级数增长，传统网络技术面临以下挑战。

➢ 虚拟机规模受网络设备表项规格的限制。

➢ VLAN 隔离能力不再满足需求，理论上 VLAN 的数量只有 4096 个。

➢ 虚拟机迁移范围受限。

（2）VXLAN（Virtual eXtensible Local Area Network）可以将多个网桥连接起来，形成一个大二层网络，VXLAN 技术的优点如下。

➢ 极大地降低了大二层网络对 MAC 地址规格的需求。

➢ VXLAN 网络标识 VNI 由 24 比特组成，理论上 VXLAN 的数量可以达到 1600 万个。

➢ VXLAN 构建大二层网络，使虚拟机可以在大范围内迁移。

（3）VXLAN 技术的实现原理如下。

➢ 通过 UDP 外层隧道封装链路层数据，从而在 IP 网络之上构建逻辑二层网络。

➢ 由于外层采用了 UDP 作为隧道，让净荷数据轻而易举地在三层网络中传输。

➢ 为了能够支持原有的 VLAN 广播寻址能力，VXLAN 还引入了三层 IP 组播来代替以太网的广播。

VXLAN 技术将三层物理网络作为底层网络，在其上构建出虚拟的二层网络，即 Overlay 网络。Overlay 网络通过封装技术，利用底层网络提供的三层转发功能，实现二层数据帧跨越三层网络在不同站点之间传输。

VXLAN 技术将位于不同主机的虚拟网桥连接起来，形成一个跨主机的分布式交换机。

（4）VXLAN 封装。VXLAN 采用 UDP 数据报封装二层的数据帧，其报文格式如图 2-27 所示。

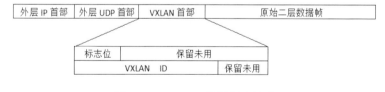

图 2-27 VXLAN 数据报文格式

说明：

- 标志位：标志位为 1，表示 VXLAN ID 有效；标志位为 0，表示 VXLAN ID 无效，其他位保留未用，设置为 0。

- VXLAN ID：VXLAN ID 用于标识一个 VXLAN 网络，长度为 24 比特。由于 VXLAN ID 的长度为 24 比特，理论上 VXLAN 的数量可以达到 1600 万个。

3．使用 VXLAN 连接不同主机内的 Linux 网桥

通过实验演示使用 VXLAN 连接位于两台主机内的 Linux 网桥。实验原理图如图 2-28 所示。实验过程如下。

（1）在两台主机内分别创建网桥 br0，代码如下：

```
# brctl addbr br0
# ip link set dev br0 up
```

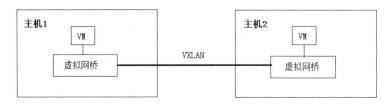

图 2-28　VXLAN 连接实验原理图

（2）使用 cirros 镜像文件创建虚拟机，并将虚拟机网络桥接到 br0，代码如下：

```
# cp /var/lib/libvirt/images/cirros.img /var/lib/libvirt/images/cirros01.img
# virt-install --name vm01 --memory 1024 --vcpus 1 \
   --network bridge=br0 --disk /var/lib/libvirt/images/cirros01.img   --import
# virsh destroy vm01
# virsh edit vm01
<interface type='bridge'>
     <mac address='52:54:00:0a:7e:8a'/>
     <source bridge='br0'/>
     <model type='virtio'/>
     <address type='pci' domain='0x0000' bus='0x00' slot='0x03' function='0x0'/>
</interface>
# virsh start vm01
```

说明：两台虚拟机虽然位于不同的主机内，但 MAC 地址不能相同。

（3）启动虚拟机，分别设置两台虚拟机的 IP 地址为 10.1.1.1/24 和 10.1.1.2/24，代码如下：

```
# virsh console vm01
$ sudo ip a add 10.1.1.1/24 dev eth0
$ sudo ip a add 10.1.1.2/24 dev eth0
```

（4）建立 VXLAN 隧道。

在 Host1 中建立 VXLAN 隧道，代码如下：

```
# ip link add vxlan0 type vxlan id 100   remote 192.168.9.150 dstport 4789
# ip link set dev vxlan0 up
# brctl addif br0 vxlan0
```

说明：

- 将 remote 设置为对端主机的 IP 地址，在本实验中，192.168.9.150 是 Host2 的 IP 地址。
- 两端的 vxlan id 是一样的。

在 Host2 中建立 VXLAN 隧道，代码如下：

```
# ip link add vxlan0 type vxlan id 100   remote 192.168.9.144 dstport 4789
# ip link set dev vxlan0 up
# brctl addif br1 vxlan0
```

说明：

- 将 remote 设置为对端主机的 IP 地址，在本实验中，192.168.9.144 是 Host1 的 IP 地址。
- Host2 的 vxlan id 和 Host1 的 vxlan id 相同。

（5）两台主机都要停止防火墙，代码如下：

```
# systemctl stop firewalld
```

（6）测试。在一台虚拟机里使用 ping 命令测试与另外一台虚拟机是否连通。

4．基于 VXLAN 的 Open VSwitch 网桥连接

通过实验演示使用 VXLAN 连接位于两台主机内的 Open VSwitch 网桥。

实验过程如下。

（1）参照 2.2.2 节所介绍的内容，为两台主机配置 yum 源，安装 openvswitch，并启动

openvswitch 服务，代码如下：

```
# yum -y install openvswitch
# systemctl enable openvswitch.service
# systemctl start openvswitch.service
```

（2）为两台主机分别创建网桥 ovs-br0，代码如下：

```
# ovs-vsctl add-br ovs-br0
```

（3）使用 cirros 镜像文件创建虚拟机，并将虚拟机网络桥接到 ovs-br0，代码如下：

```
# cp /var/lib/libvirt/images/cirros.img /var/lib/libvirt/images/cirros02.img
# virt-install --name vm02 --memory 1024 --vcpus 1 \
    --network bridge= ovs-br0 --disk /var/lib/libvirt/images/cirros02.img    --import
# virsh destroy vm02
# virsh edit vm02
<interface type='bridge'>
    <mac address='52:54:00:71:b1:b6'/>
    <source bridge='ovs-br0'/>
    <virtualport type='openvswitch'/>
    <address type='pci' domain='0x0000' bus='0x00' slot='0x03' function='0x0'/>
</interface>
# virsh start vm02
```

说明：两台虚拟机虽然位于不同的主机内，但 MAC 地址不能相同。

（4）启动虚拟机，分别设置 IP 地址为 10.1.1.3/24 和 10.1.1.4/24，代码如下：

```
# virsh console vm02
$ sudo ip a add 10.1.1.3/24 dev eth0
$ sudo ip a add 10.1.1.4/24 dev eth0
```

（5）建立 VXLAN 隧道。

在 Host1 中建立 VXLAN 隧道，代码如下：

```
# ovs-vsctl add-port ovs-br0 vxlan1 -- set interface vxlan1 type=vxlan \ options:remote_ip=192.168.9.150
```

说明：将 remote_ip 设置为对端主机的 IP 地址。

在 Host2 中建立 VXLAN 隧道，代码如下：

```
# ovs-vsctl add-port ovs-br0 vxlan1 -- set interface vxlan1 type=vxlan \ options:remote_ip=192.168.9.144
```

说明：将 remote_ip 设置为对端主机的 IP 地址。

（6）两台主机都要停止防火墙，代码如下：

```
# systemctl stop firewalld
```

（7）测试。在一台虚拟机里使用 ping 命令测试与另外一台虚拟机是否连通。

2.4.2 GRE 技术

1. GRE 技术介绍

GRE（General Routing Encapsulation）即通用路由封装，GRE 技术属于隧道技术，用于对某些网络层协议（如 IP 和 IPX）的数据报文进行封装，使这些被封装的报文能够在另一网络层协议（如 IP）中传输。此外，GRE 协议也可以作为 VPN 的第三层隧道协议连接两个不同的网络，为数据的传输提供一个透明的通道。

GRE 技术主要有以下特点。

➤ 机制简单，无须维持状态，对隧道两端设备的 CPU 所造成的负担小。

➤ 本身不提供数据的加密功能，如果需要加密，那么可以与 IPSec 结合使用。

➤ 不提供流量控制和 QoS。

与隧道技术有关的几个概念如下。

➤ Payload（净荷）：系统接收到的需要封装和路由的原始数据报。

➤ Passenger Protocol（乘客协议）：报文封装之前所属的协议被称为乘客协议。
➤ Encapsulation Protocol（封装协议）：用于封装乘客协议的协议被称为封装协议，这里的 GRE 协议便是一种封装协议，也被称为运载协议（Carrier Protocol）。
➤ Transport Protocol（传输协议）：负责对封装后的报文进行转发的协议被称为传输协议。

GRE 报文封装格式如图 2-29 所示。

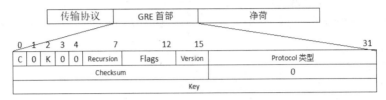

图 2-29　GRE 报文封装格式

GRE 首部各字段的含义如表 2-1 所示。

表 2-1　GRE 首部各字段的含义

字　段	长　度	含　义
C	1bit	校验和验证标志。当设置为 1 时，表示 Checksum 字段生效；当设置为 0 时，表示 Checksum 字段不生效
K	1bit	关键字标志。当设置为 1 时，表示头部中 Key 字段生效；当设置为 0 时，表示 Key 字段不生效
Recursion	3bits	用于表示报文被封装的层数。每封装一次，该值加 1，最多封装 3 次
Flags	5bits	预留。值为 0
Version	3bits	版本号。值为 0
Protocol 类型	16bits	乘客协议类型
Checksum	16bits	对 GRE 头部和负载计算校验和。只有当 C 为 1 时，该字段才有效
Key	32bits	关键字信息。隧道接收端用于对收到的报文进行验证，只有当 K 为 1 时，Key 字段才有效；此外，该字段也用于一对多的 GRE 隧道
其他		暂未使用，其值固定为 0

2. 基于 GRE 的 Open VSwitch 网桥连接

通过实验演示使用 GRE 连接位于两台主机内的 Open VSwitch 网桥。实验原理图如图 2-30 所示。

图 2-30　GRE 连接实验原理图

实验过程如下。

（1）参照 2.2.2 节所介绍的内容，为两台主机配置 yum 源，安装 openvswitch，并启动 openvswitch 服务，代码如下：

```
# yum –y install openvswitch
# systemctl enable openvswitch.service
```

```
# systemctl start openvswitch.service
```

（2）在两台主机上分别创建网桥 ovs-br1，代码如下：

```
# ovs-vsctl add-br ovs-br1
```

（3）使用 cirros 镜像文件创建虚拟机，并将虚拟机网络桥接到 ovs-br1，代码如下：

```
# cp /var/lib/libvirt/images/cirros.img /var/lib/libvirt/images/cirros03.img
# virt-install --name vm03 --memory 1024 --vcpus 1 \
--network bridge= ovs-br1 --disk /var/lib/libvirt/images/cirros03.img    --import
#virsh destroy vm03
#virsh edit vm03
<interface type='bridge'>
    <mac address='52:54:00:71:b1:b6'/>
    <source bridge='ovs-br1'/>
    <virtualport type='openvswitch'/>
    <address type='pci' domain='0x0000' bus='0x00' slot='0x03' function='0x0'/>
</interface>
#virsh start vm03
```

说明：两台虚拟机虽然位于不同的主机内，但 MAC 地址不能相同。

（4）启动虚拟机，分别设置 IP 地址为 10.1.1.5/24 和 10.1.1.6/24，代码如下：

```
# virsh console vm03
$ sudo ip a add 10.1.1.5/24 dev eth0
$ sudo ip a add 10.1.1.6/24 dev eth0
```

（5）建立 GRE 隧道。

在 Host1 中建立 GRE 隧道，代码如下：

```
# ovs-vsctl add-port ovs-br1 gre0     -- set interface gre0 type=gre options:remote_ip=192.168.9.150
```

说明：将 remote_ip 设置为对端主机的 IP 地址。

在 Host2 中建立 GRE 隧道，代码如下：

```
# ovs-vsctl add-port ovs-br1 gre0     -- set interface gre0 type=gre options:remote_ip=192.168.9.144
```

说明：将 remote_ip 设置为对端主机的 IP 地址。

（6）两台主机都要停止防火墙，代码如下：

```
# systemctl stop firewalld
```

（7）测试。在一台虚拟机里使用 ping 命令测试与另外一台虚拟机是否连通。

第 3 章

OpenStack 云计算平台搭建与维护

▌▶ 3.1 云计算概述

1. 云计算的概念

云计算是一种通过互联网按需提供 IT 资源，按使用量付费的新的 IT 服务模式。与传统的服务模式相比，用户不再需要自己建设、维护数据中心，可以从云服务提供商获取 IT 资源（如虚拟服务器、存储和数据库等）组建虚拟的数据中心。

各行各业的用户都可以将传统的 IT 服务搬迁到云上。使用云可以轻松地实现数据备份、灾难恢复、电子邮件收发、虚拟桌面操作、软件开发与测试、大数据分析等各种应用。

保留数据中心的用户也可以将数据中心云化，从而享受云计算带来的好处。

2. 云计算的优势

云计算的优势如下。

（1）敏捷性。可以实现计算资源、网络、操作系统、应用的快速部署。

（2）弹性。可以根据负荷申请和使用资源，当负荷增大时增加资源、负荷减小时减少资源，实现弹性的资源供给。

（3）节省成本。由于资源可以按需使用，节省了资源，从而节省了成本。

（4）可靠性高。所有计算资源虚拟化后，系统备份、灾难恢复、安全管理变得更加方便，从而提高了可靠性。

（5）可扩展性。根据用户的业务发展，快捷部署新的虚拟计算资源和应用。

3. 云计算模式

云计算的主要模式有以下三种。

（1）基础架构即服务（IaaS）：向个人或组织提供虚拟计算资源，如虚拟机、存储、网络和操作系统。

（2）平台即服务（PaaS）：为个人、组织及开发人员提供构建应用程序和服务的平台。

（3）软件即服务（SaaS）：提供按需付费应用程序。

三种云计算模式的比较，如图 3-1 所示。

云计算模式是随着技术不断发展的，目前，部分云服务商提供了数据库即服务、负载均衡即服务等模式。

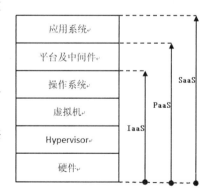

图 3-1　三种云计算模式的比较

⫸ 3.2 OpenStack 简介

1．什么是 OpenStack？

OpenStack 是一个开源云计算项目，由来自世界各地的组织和个人共同开发和维护。OpenStack 最初是一个 IaaS 平台，但随着项目的不断发展，现在也支持数据库、负载均衡等服务。

2．OpenStack 的历史和版本

2010 年 10 月，OpenStack 的第一个版本 Austin 诞生。2021 年 7 月，OpenStack 的新版本被命名为 Wallaby。OpenStack 大概 6 个月发行一个新版本，OpenStack 的版本信息可以通过官网进行查询。

不同版本的 OpenStack 的安装和维护操作会有少许不同，本节以 Rocky 版为蓝本，讲解 OpenStack 的安装和维护操作。

3．OpenStack 的结构

由于 OpenStack 是开源云计算项目，所以为了便于组织，OpenStack 由一系列项目组成，每个项目对应一个服务。

OpenStack 符合模块化的设计思路，OpenStack 由一系列服务组成，其结构如图 3-2 所示。需要说明的是，还有很多 OpenStack 的其他服务并没有出现在图 3-2 中，随着 OpenStack 的不断发展，其包含的服务将越来越丰富。

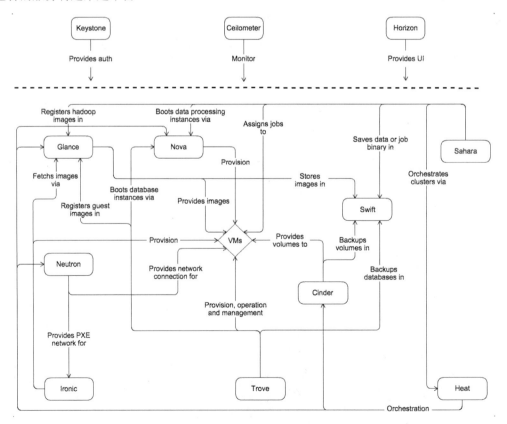

图 3-2　OpenStack 的结构

OpenStack 必须包含的服务有 Keystone、Nova、Glance 和 Neutron。

OpenStack 的中心目标是为用户提供虚拟机，Nova 服务用于实现虚拟机的生命周期管理，负责虚拟机的创建、启动、停止、销毁等任务。

Glance 服务用于提供镜像管理功能，负责镜像的创建、存储、检索和提取。Nova 服务生成虚拟机时，Glance 服务为其提供镜像。

Neutron 服务用于提供网络管理功能，负责构建虚拟网络，并连接外网以实现外网对虚拟机的访问，实现虚拟网络的管理、安全规则的管理和负载均衡服务的提供。

Keystone 服务用于认证，管理用户、项目和域等数据。

此外，还有 Horizon 服务，该服务用于提供一个基于 Web 的图形化操作界面。

4．OpenStack 架构

OpenStack 由一系列节点组成，其中必不可少的节点有控制（controller）节点、计算（compute）节点、网络（network）节点；可选节点有块存储节点、对象存储节点。不同的节点需要安装不同的服务组件，如图 3-3 所示，展示了 OpenStack 采用 self-service 网络时的组件分布情况（在图 3-3 中，网络节点和控制节点合二为一）。

一台物理主机可以担任一个或多个节点的角色。例如，将网络节点和控制节点合二为一。

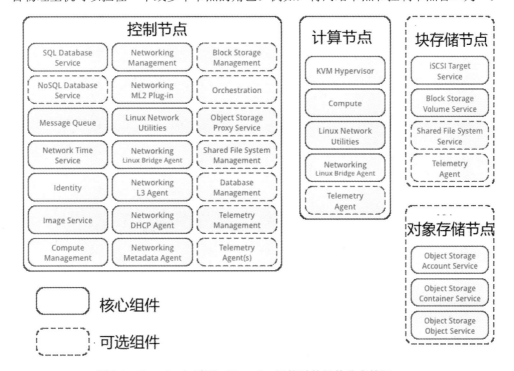

图 3-3　OpenStack 采用 self-service 网络时的组件分布情况

3.3　安装 OpenStack

3.3.1　环境准备

本节以两个节点的架构为例，安装 Rocky 版本的 OpenStack，使用 VMWare 虚拟机模拟物理节点，OpenStack 节点布置如表 3-1 所示。

表 3-1 OpenStack 节点布置

节点名称	功能角色	硬　　件	IP 地址
controller 节点	控制节点 网络节点	内存：8GB 磁盘：60GB CPU：双核，开启虚拟化功能 网卡 1：NAT 模式，用作管理网络 网卡 2：仅主机模式，用作外网	网卡 1：192.168.9.100 网卡 2：不配置 IP 地址
compute 节点	计算节点 块存储节点 对象存储节点	内存：8GB 磁盘 1：60GB 磁盘 2：20GB，用作块存储和对象存储 CPU：双核，开启虚拟化功能 网卡 1：NAT 模式，用作管理网络 网卡 2：仅主机模式，用作外网	网卡 1：192.168.9.101 网卡 2：不配置 IP 地址

1．VMware 网络设置

打开 VMware Workstation，在菜单栏中选择"编辑"→"虚拟网络编辑器"选项，打开"虚拟网络编辑器"对话框，如图 3-4 所示。

图 3-4 "虚拟网络编辑器"对话框

在方框 1 中选择 VMnet8，在方框 2 的子网 IP 文本框中输入子网 IP（192.168.9.0），在子网掩码文本框中输入子网掩码（255.255.255.0）。

单击"NAT 设置"按钮，打开"NAT 设置"对话框，如图 3-5 所示，检查网关设置是否正确（网关应设置为 192.168.9.2）。

使用同样的方法，在图 3-4 的方框 1 中选择 VMnet1，并设置子网 IP 为 192.168.30.0，子网掩码为 255.255.255.0。

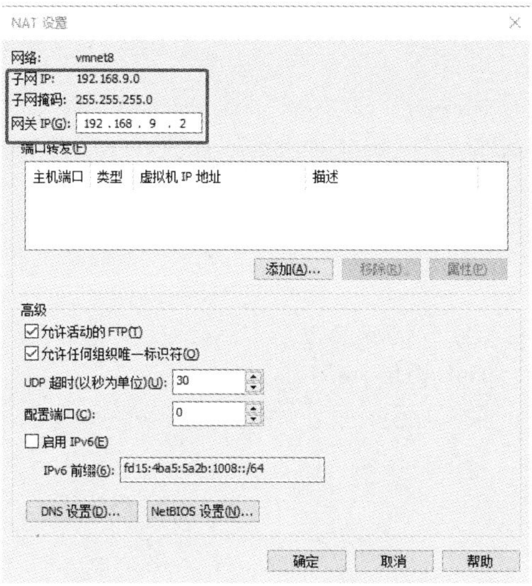

图 3-5　"NAT 设置"对话框

2．主机准备

按表 3-1 中的要求准备两台主机，注意开启 CPU 的虚拟化功能。

设置 CPU 的虚拟化功能。在 VMWare Workstation 中选择要设置的虚拟机，在菜单栏中选择"虚拟机"→"设置"选项，打开如图 3-6 所示的"虚拟机设置"对话框，在"硬件"选项卡中，选择方框 1 中的"处理器"选项，勾选方框 2 处的"虚拟化 Inter VT-x/EPT 或 AMD-V/RVI"复选框。

图 3-6　"虚拟机设置"对话框

从网上下载最小化的 CentOS 7-2009 的 64 位版本。在两台虚拟机里最小化安装 CentOS。CentOS 安装完成后，启动系统并登录，检查 CPU 是否已开启虚拟化功能，代码如下：

```
# grep -E "svm|vmx" /proc/cpuinfo
```

说明：

- grep -E 和 egrep 的功能相同。
- 所有操作均在 SecureCRT 中以 root 身份远程登录后完成。

3. 环境准备

（1）修改网卡设置。

1）controller 节点。

设置网卡 1（网卡名称根据实际情况确定，下同），代码如下：

```
# vi /etc/sysconfig/network-scripts/ifcfg-ens33
TYPE=Ethernet
BOOTPROTO=static
DEFROUTE=yes
IPV4_FAILURE_FATAL=no
NAME=ens33
DEVICE=ens33
ONBOOT=yes
IPADDR=192.168.9.100
GATEWAY=192.168.9.2
DNS1=192.168.9.2
NETMASK=255.255.255.0
```

设置网卡 2，代码如下：

```
# vi /etc/sysconfig/network-scripts/ifcfg-ens36
TYPE=Ethernet
BOOTPROTO=none
DEFROUTE=yes
IPV4_FAILURE_FATAL=no
NAME=ens36
DEVICE=ens36
ONBOOT=yes
```

设置完成后，重启网络服务并进行测试，代码如下：

```
# systemctl restart network
# ping www.baidu.com
```

2）compute 节点。

设置网卡 1，代码如下：

```
# vi /etc/sysconfig/network-scripts/ifcfg-ens33
TYPE=Ethernet
BOOTPROTO=static
DEFROUTE=yes
IPV4_FAILURE_FATAL=no
NAME=ens33
DEVICE=ens33
ONBOOT=yes
IPADDR=192.168.9.101
GATEWAY=192.168.9.2
DNS1=192.168.9.2
NETMASK=255.255.255.0
```

设置网卡 2，代码如下：

```
# vi /etc/sysconfig/network-scripts/ifcfg-ens36
TYPE=Ethernet
BOOTPROTO=none
DEFROUTE=yes
```

```
IPV4_FAILURE_FATAL=no
NAME=ens36
DEVICE=ens36
ONBOOT=yes
```

设置完成后，重启网络服务并进行测试，代码如下：

```
# systemctl restart network
# ping www.baidu.com
```

（2）设置主机名和主机名映射。

1）设置主机名。

设置 controller 节点，代码如下：

```
# hostnamectl set-hostname controller
# hostnamectl
```

设置 compute 节点，代码如下：

```
# hostnamectl set-hostname controller
# hostnamectl
```

2）设置主机名映射。对 controller 节点与 compute 节点均执行此操作，代码如下：

```
# vi /etc/hosts
127.0.0.1        localhost localhost.localdomain localhost4 localhost4.localdomain4
::1              localhost localhost.localdomain localhost6 localhost6.localdomain6

192.168.9.100 controller
192.168.9.101 compute
```

3）设置完成后检查，测试 controller 节点与 compute 节点，代码如下：

```
# ping controller
# ping compute
```

（3）停止防火墙。对 controller 节点与 compute 节点均执行此操作，代码如下：

```
# systemctl stop firewalld
# systemctl disable firewalld
```

（4）设置 SELinux。对 controller 节点与 compute 节点均执行此操作，代码如下：

```
# setenforce 0
```

在 controller 节点与 compute 节点中均修改文件/etc/selinux/config，代码如下：

```
# vi /etc/selinux/config
# This file controls the state of SELinux on the system.
# SELINUX= can take one of these three values:
#       enforcing - SELinux security policy is enforced.
#       permissive - SELinux prints warnings instead of enforcing.
#       disabled - No SELinux policy is loaded.
SELINUX=permissive
# SELINUXTYPE= can take one of three values:
#       targeted - Targeted processes are protected,
#       minimum - Modification of targeted policy. Only selected processes are protected.
#       mls - Multi Level Security protection.
SELINUXTYPE=targeted
```

（5）配置 yum 源。对 controller 节点与 compute 节点均执行此操作，配置的内容相同。

1）删除/etc/yum.repos.d/下的所有文件。

2）新建/etc/yum.repos.d/openstack.repo 文件，文件内容如下：

```
[centos-base]
name=centos-base
baseurl=https://mirrors.163.com/centos/$releasever/os/$basearch
gpgcheck=0
enabled=1
```

```
[centos-extras]
name=centos-extras
baseurl=https://mirrors.163.com/centos/$releasever/extras/$basearch/
gpgcheck=0
enabled=1

[openstack]
name=openstack rocky
baseurl=https://mirrors.163.com/centos/$releasever/cloud/$basearch/openstack-rocky/
gpgcheck=0
enabled=1

[virt]
name=virt
baseurl=http://mirrors.163.com/centos/$releasever/virt/$basearch/kvm-common/
gpgcheck=0
enabled=1
```

该 yum 源包括四部分：centos-base 是 CentOS 的基础包，centos-extras 是 CentOS 的附加包，openstack 是 OpenStack 包，virt 是虚拟化的软件包。

3）配置完成后，执行测试命令，代码如下：

```
# yum clean all
# yum list
```

3.3.2　基础服务和软件安装

基础服务和软件包括时间服务、OpenStack 基础软件、数据库 MariaDB、消息服务、缓冲服务 memcache。

1．时间服务

时间服务的作用是同步集群内所有节点的时间。时间服务以客户/服务器模式工作。将 controller 节点作为时间服务的服务端，将 compute 节点作为时间服务的客户端。

（1）controller 节点。

安装软件，代码如下：

```
# yum install -y chrony
```

修改配置文件，代码如下：

```
#vi /etc/chrony.conf
allow all
local stratum 10
```

说明：

- allow all 表示允许所有客户端进行访问。
- local stratum 10 表示在没有与上一层服务器同步时间情况下，也提供时间服务。
- 如果配置文件中有相同的参数项，则在其基础上进行修改；如果没有相同的参数项，则增加相应的参数项。

修改配置文件后，启动服务，代码如下：

```
# systemctl restart chronyd
# systemctl enable chronyd
```

（2）compute 节点。

安装软件，代码如下：

```
# yum install -y chrony
```
修改配置文件，代码如下：
```
# vi /etc/chrony.conf
server 192.168.9.100 iburst
```
说明：server 192.168.9.100 iburst 用于指定上一层时间服务器的 IP 地址或名称。

修改配置文件后，启动服务，代码如下：
```
# systemctl restart chronyd
# systemctl enable chronyd
```
进行测试，代码如下：
```
# chronyc sources
```

2．安装基础软件

在 controller 节点和 compute 节点中均安装基础软件，代码如下：
```
# yum install -y python-openstackclient
# yum install -y openstack-selinux
```

3．安装数据库

数据库用于保存集群的信息。数据库只需在 controller 节点中进行安装。

（1）安装 MariaDB，代码如下：
```
# yum install -y mariadb mariadb-server python2-PyMySQL
```
（2）修改 MariaDB 数据库的配置，代码如下：
```
# vi /etc/my.cnf.d/openstack.cnf
[mysqld]
bind-address = 192.168.9.100
default-storage-engine = innodb
innodb_file_per_table = on
max_connections = 4096
collation-server = utf8_general_ci
character-set-server = utf8
```
（3）启动服务，代码如下：
```
# systemctl enable mariadb.service
# systemctl start mariadb.service
```
（4）进行安全设置，代码如下：
```
# mysql_secure_installation
```
【例 3-1】安装数据库操作实例。代码如下：
```
# mysql_secure_installation
……
Enter current password for root (enter for none):
……
Set root password? [Y/n] y
New password:
Re-enter new password:
……
Remove anonymous users? [Y/n] y
……
Disallow root login remotely? [Y/n] n
……
Remove test database and access to it? [Y/n] y
……
Reload privilege tables now? [Y/n] y
 ... Success!
```

4．消息服务

消息服务可以为同一服务的内部组件提供通信服务，消息服务只需在 controller 节点中进行安装。

（1）安装 rabbitmq，代码如下：

```
# yum install -y rabbitmq-server
```

（2）启动服务，代码如下：

```
# systemctl enable rabbitmq-server.service
# systemctl start rabbitmq-server.service
```

（3）增加用户和授权，代码如下：

```
# rabbitmqctl add_user openstack 000000
# rabbitmqctl set_permissions openstack ".*" ".*" ".*"
```

5．缓冲服务 memcache

缓冲服务只需在 controller 节点中进行安装。

（1）安装 memcached，代码如下：

```
# yum install -y memcached python-memcached
```

（2）修改配置，代码如下：

```
# vi /etc/sysconfig/memcached
OPTIONS="-l 127.0.0.1,::1,controller"
```

（3）启动服务，代码如下：

```
# systemctl enable memcached.service
# systemctl start memcached.service
```

3.3.3　安装 Keystone

1．Keystone 简介

（1）服务与组件之间的通信。

服务与组件。OpenStack 由一系列服务构成，每个服务又由一系列组件构成。在这些组件中，有些组件（一般只有一个组件）提供 RESTful 接口，供客户端工具和其他服务进行 API 访问。

同一种服务内的各组件通过消息进行通信。rabbitmq 消息服务可以实现这种功能，一个组件在 rabbitmq 消息队列中发布消息，另一个组件从 rabbitmq 消息队列中读取消息，从而实现组件之间的通信。

（2）身份认证。

当客户端工具和服务要访问其他服务的 API 时，首先要进行身份认证。Keystone 提供身份认证、服务发现和授权服务。

Keystone 由一系列组件构成，主要的组件如下。

➢ Identity：提供身份认证服务。

➢ Resource：提供 Domain 和 Project 信息。

➢ Assignment：提供 role 和 roleAssignment 信息。

➢ Token：负责 token 的验证和管理。当一个用户的身份获得认证时，就会获得一个 token，使用这个 token 就可以访问其他服务的 API。

➢ Catalog：注册和发现 Endpoint。Endpoint 是 API 访问入口的 URL。

（3）与 OpenStack 相关的若干概念。

1）Region、cell、Availability Zone 和 Host Aggregate。

Region 是一个地理位置的概念，OpenStack 在不同地理位置的部署分属不同的 Region。用户可以选择距离自己近的 Region 来部署自己的应用。

cell 是一种服务分组。OpenStack 是由许多服务组成的，一种服务可以运行多个实例。当服务的数量太多时，就会造成消息总线和数据库访问瓶颈，所以将服务在逻辑上划分成 cell，每个 cell 有自己的消息服务和数据库服务，从而解决瓶颈问题。不同 cell 之间也可以按一定的规则互相访问。因此 cell 是从服务的角度来讨论的。

Availability Zone（可见域）是一组节点的集合，用户部署应用时可以选择不同的 Availability Zone。Availability Zone 是从终端用户的角度来讨论的。

为了便于管理，Host Aggregate 可以把具有某些属性的主机分成一组。Host Aggregate 是从管理员的角度来讨论的。

2）Domain、Project、User 和 Role。

Domain 和 Project（项目）是从客户的角度来讨论的，一个客户就是一个域，相当于一个公司会有一个域名。

一个客户可能会有多个 Project，读者可以理解为一个 Project 对应一个应用系统，如财务管理系统、人力资源管理系统、销售管理系统等。

每个应用系统又会有许多用户，每个用户（User）拥有不同的权限。

Role 是为方便权限分配而设计的，一个 Role 可以拥有多个授权，而把 User 绑定到 Role 之后，User 就拥有 Role 所具有的权限。

2．Keystone 的安装与配置

（1）数据库的创建。

1）Keystone 数据库用于保存 Keystone 的数据，如用户、角色、项目、域等。创建数据库的代码如下：

```
# mysql -u root -p
MariaDB [(none)]> CREATE DATABASE keystone;
```

2）创建用户'keystone'并授权，代码如下：

```
MariaDB [(none)]> GRANT ALL PRIVILEGES ON keystone.* \
TO 'keystone'@'localhost' IDENTIFIED BY '000000';
MariaDB [(none)]> GRANT ALL PRIVILEGES ON keystone.* \
TO 'keystone'@'%' IDENTIFIED BY '000000';
```

（2）安装 Keystone，代码如下：

```
# yum install -y openstack-keystone httpd mod_wsgi
```

（3）修改配置，代码如下：

```
# vi /etc/keystone/keystone.conf
[database]
connection = mysql+pymysql://keystone:000000@controller/keystone

[token]
provider = fernet
```

说明：

- [database]：设置数据库的连接参数。
- [token]：设置 token 管理程序。

（4）初始化数据库，代码如下：

```
# su -s /bin/sh -c "keystone-manage db_sync" keystone
```

（5）初始化 Fernet 密钥库，代码如下：

```
# keystone-manage fernet_setup --keystone-user keystone \
  --keystone-group keystone
# keystone-manage credential_setup --keystone-user keystone \
  --keystone-group keystone
```

（6）初始化 Keystone，代码如下：

```
# keystone-manage bootstrap --bootstrap-password 000000 \
    --bootstrap-admin-url http://controller:5000/v3/ \
    --bootstrap-internal-url http://controller:5000/v3/ \
    --bootstrap-public-url http://controller:5000/v3/ \
    --bootstrap-region-id RegionOne
```

（7）修改 httpd 的配置。Keystone 没有后台进程，使用 httpd 服务提供 API 访问功能。代码如下：

```
# vi   /etc/httpd/conf/httpd.conf
ServerName controller
# ln -s /usr/share/keystone/wsgi-keystone.conf /etc/httpd/conf.d/
```

（8）启动 httpd 服务，代码如下：

```
# systemctl enable httpd.service
# systemctl start httpd.service
```

（9）设置环境变量。访问 OpenStack 需要进行认证，认证时要提供 USERNAME、PASSWORD、PROJECT_NAME、DOMAIN_NAME 等信息。若在每次访问时都输入这些信息，则显得很不方便，我们可以把这些信息设置成环境变量，代码如下：

```
# vi ~/.bashrc
export OS_USERNAME=admin
export OS_PASSWORD=000000
export OS_PROJECT_NAME=admin
export OS_USER_DOMAIN_NAME=Default
export OS_PROJECT_DOMAIN_NAME=Default
export OS_AUTH_URL=http://controller:5000/v3
export OS_IDENTITY_API_VERSION=3
export OS_IMAGE_API_VERSION=2
```

设置环境变量后，要重新登录才能使环境变量生效。

（10）创建一个项目。service 项目是 OpenStack 服务所在的项目。代码如下：

```
# openstack project create --domain default --description "Service Project" service
```

（11）进行测试，代码如下：

```
# openstack project list
+------------------------------------------+----------+
| ID                                       | Name     |
+------------------------------------------+----------+
| 9088eb23f2da475ab18ba2742600a727         | admin    |
| dca459c3eba142f49be447126b939f54-        | service  |
+------------------------------------------+----------+
```

3. 设置 openstack 命令的自动补全功能

OpenStack 的所有命令行操作已经由 openstack 命令集中完成，openstack 命令支持命令补全功能。要设置 openstack 命令的自动补全功能，应完成以下两步。

（1）安装 bash-completion 软件，代码如下：

```
# yum install -y bash-completion
```

（2）修改*/.bashrc 文件，在文件的末尾增加如下代码：

```
source <(openstack complete --shell bash)
```

说明：--shell bash 用于指定 shell，如果要为其他 shell 设置命令补全功能，则应进行相应的修改。

4. 通过 RESTful 访问服务

此处将结合实例演示通过 RESTful 访问服务的方法，在日常应用中，读者做到会使用命令即可。

OpenStack 提供了 openstack 命令用于访问各种服务的 API，但其背后都是通过转化为 RESTful 形式实现的。

每种服务都会提供三种类型的 Endpoint 作为 RESTful 的访问入口，这三种类型的 Endpoint 分别是 admin、internal 和 external。internal 型 Endpoint 供内网访问，external 型 Endpoint 供外网访问，admin 型 Endpoint 提供前两种 Endpoint 不提供的且与管理有关的一些功能。

下面以查询 projects 信息为例说明如何使用 Endpoint。查询 projects 信息的命令是 openstack project list，在实例中先使用 openstack token issue 命令获得一个 token，然后使用该 token 通过 curl http://controller:5000/v3/projects 访问 projects 信息。

【例 3-2】查询 projects 信息操作实例。

· 使用命令方式查询 projects 信息，代码如下：

```
# openstack project list
+----------------------------------+---------+
| ID                               | Name    |
+----------------------------------+---------+
| 9088eb23f2da475ab18ba2742600a727 | admin   |
| dca459c3eba142f49be447126b939f54 | service |
+----------------------------------+---------+
```

从服务器中得到一个 token，代码如下：

```
# token=$(openstack token issue -f value -c id)
# echo $token
gAAAAABg7Utb8SLWkFCopJqzjfrjSUgILlEhwyCI2XnecyLCCljdno7QuxnRbp_XbeIs-NaoqL8pplgYTPu3
VVgoVmMKRhrWmMaT0C9kOPlBYimzJqIpDR3dTx7kfjh-bokHRkgo14UsecP9F3ptNLjDNocQFwtzBqFXDQ5r
59HLvAY_48VyF94
```

使用 curl 访问 http://controller:5000/v3/projects 得到 projects。访问时，传入两个参数，一个参数是-H "Content-type: application/json"，另一个参数是-H "X-Auth-Token:$token"，将两个参数传入前一个命令得到的 token。代码如下：

```
# curl -s http://controller:5000/v3/projects -H "Content-type: application/json" -H "X-Auth-Token:
$token" | python -mjson.tool|grep name
  % Total    % Received % Xferd  Average Speed   Time    Time     Time  Current
                                 Dload  Upload   Total   Spent    Left  Speed
100   699  100   699    0     0   3184      0 --:--:-- --:--:-- --:--:--  3191
            "name": "admin",
            "name": "service",
```

3.3.4　安装 Glance

1. Glance 服务介绍

Glance 服务提供镜像的上传、发现、检索和提取功能。

Glance 服务由以下组件构成。

（1）glance-api：接收 API 的调用，如镜像的发现、恢复与存储。

（2）glance-registry：存储、处理和提取镜像元数据，镜像的元数据包括镜像的大小、格式、属性等信息。

（3）Database：存储镜像元数据。

（4）Storage repository：镜像文件的存储库，支持文件系统、对象存储、块存储、VMWare 数据仓库和 http 等。

（5）元数据定义服务：让用户可以使用自定义元数据。

2．Glance 安装和配置

Glance 只需在 controller 节点中进行安装。

（1）创建数据库和数据库用户，代码如下：

```
# mysql -u root -p
MariaDB [(none)]> CREATE DATABASE glance;
MariaDB [(none)]> GRANT ALL PRIVILEGES ON glance.*   TO 'glance'@'localhost' \
    IDENTIFIED BY '000000';
MariaDB [(none)]> GRANT ALL PRIVILEGES ON glance.*   TO 'glance'@'%' \
    IDENTIFIED BY '000000';
```

（2）创建用户和服务、绑定角色，代码如下：

```
# openstack user create --domain default --password-prompt glance
# openstack role add --project service --user glance admin
# openstack service create --name glance --description "OpenStack Image" image
```

（3）创建 Endpoint，代码如下：

```
# openstack endpoint create --region RegionOne \
    image public http://controller:9292
# openstack endpoint create --region RegionOne \
    image internal http://controller:9292
# openstack endpoint create --region RegionOne \
    image admin http://controller:9292
```

说明：Endpoint 分为三类。

（4）安装软件，代码如下：

```
# yum install -y openstack-glance
```

（5）修改配置。

1）修改/etc/glance/glance-api.conf，代码如下：

```
# vi /etc/glance/glance-api.conf
[database]
connection = mysql+pymysql://glance:000000@controller/glance

[keystone_authtoken]
www_authenticate_uri   = http://controller:5000
auth_url = http://controller:5000
memcached_servers = controller:11211
auth_type = password
project_domain_name = Default
user_domain_name = Default
project_name = service
username = glance
password = 000000

[paste_deploy]
flavor = keystone

[glance_store]
stores = file,http
default_store = file
filesystem_store_datadir = /var/lib/glance/images/
```

说明：

- [database]：配置数据库连接。
- [keystone_authtoken]和[paste_deploy]：配置认证服务。

- [glance_store]: 配置镜像的存储方式和位置。最常用的镜像存储方式为存储在本地目录中，此外，也可以使用网络文件系统，如 Cinder。

2）修改/etc/glance/glance-registry.conf，代码如下：

```
# vi /etc/glance/glance-registry.conf
[database]
connection = mysql+pymysql://glance:000000@controller/glance

[keystone_authtoken]
www_authenticate_uri = http://controller:5000
auth_url = http://controller:5000
memcached_servers = controller:11211
auth_type = password
project_domain_name = Default
user_domain_name = Default
project_name = service
username = glance
password = 000000

[paste_deploy]
flavor = keystone
```

（6）初始化数据库，代码如下：

```
# su -s /bin/sh -c "glance-manage db_sync" glance
```

（7）使能和启动服务，代码如下：

```
# systemctl enable openstack-glance-api.service \
    openstack-glance-registry.service
# systemctl start openstack-glance-api.service \
    openstack-glance-registry.service
```

（8）创建镜像，代码如下：

```
# glance image-create --name centos7 --disk-format qcow2 \
--container-format bare --progress \
< /mnt/openstack/images/CentOS_7.2_x86_64.qcow2
# glance image-create --name cirros --disk-format qcow2 \
--container-format bare --progress \
< /mnt/openstack/images/cirros-0.3.3-x86_64-disk.img
# glance image-list
```

3.3.5　安装 Nova

1. Nova 服务介绍

Nova 提供实例（虚拟机）的创建和管理服务。 Nova 由以下组件构成。

（1）nova-api：接受和回应 API 请求。

（2）nova-api-metadata：接受和回应元数据 API 请求。

（3）nova-compute：创建和终止实例（虚拟机）。

（4）nova-placement-api：自 Newton（14.0.0）版本开始引入 nova-placement-api，并从 Nova 中分离出来，负责资源（如计算、存储、IP 等）的库存跟踪和使用跟踪。

（5）nova-scheduler：调度服务，从消息队列中获取虚拟机需求信息，选择合适的主机，但并不创建实例，创建实例由 nova-compute 负责。

（6）nova-conductor：nova 服务和数据库之间的中间层，避免了 nova 服务直接存取数据库。

（7）nova-consoleauth：管理 tokens。

（8）nova-novncproxy：非 vnc 服务代理，通过 Web 控制台访问实例时需要 nova-novncproxy。

（9）nova-spicehtml5proxy：spice 代理服务。

（10）nova-xvpvncproxy：vnc 代理服务。

Nova 引入 cell 的概念，形成了一种对服务的隔离机制。当服务数量太多时，数据库和消息服务会成为瓶颈。把服务分成不同的 cell，每个 cell 有自己的数据库和消息服务，从而避免了瓶颈产生。

Nova 必须有一个 cell0，用于管理那些没有调度到任何计算节点的实例；Nova 还必须至少有一个"正常"的 cell，用于管理计算节点。

最初引入的 cell 版本是 v1，OpenStack Rocky 使用的 cell 版本是 v2。

2．controller 节点的安装与配置

（1）创建数据库。需要为 Nova 创建四个数据库：nova_api、nova、nova_cell0 和 placement，并分别为四个数据库设置权限。

数据库 placement 是供 nova-placement-api 组件使用的数据库。

数据库 nova_api 是一个顶层数据库，用于记录 cell 相关的信息。

数据库 nova_cell0 是供 cell0 使用的数据库。

数据库 nova 是供 cell1 使用的数据库。

创建数据库的代码如下：

```
# mysql -u root –p
MariaDB [(none)]> CREATE DATABASE nova_api;
MariaDB [(none)]> CREATE DATABASE nova;
MariaDB [(none)]> CREATE DATABASE nova_cell0;
MariaDB [(none)]> CREATE DATABASE placement;

MariaDB [(none)]>GRANT ALL PRIVILEGES ON nova_api.* TO 'nova'@'localhost' \
    IDENTIFIED BY '000000';
MariaDB [(none)]> GRANT ALL PRIVILEGES ON nova_api.* TO 'nova'@'%' \
    IDENTIFIED BY '000000';

MariaDB [(none)]> GRANT ALL PRIVILEGES ON nova.* TO 'nova'@'localhost' \
IDENTIFIED BY '000000';
MariaDB [(none)]> GRANT ALL PRIVILEGES ON nova.* \
    TO 'nova'@'%' IDENTIFIED BY '000000';

MariaDB [(none)]> GRANT ALL PRIVILEGES ON nova_cell0.* \
    TO 'nova'@'localhost' IDENTIFIED BY '000000';
MariaDB [(none)]> GRANT ALL PRIVILEGES ON nova_cell0.* \
    TO 'nova'@'%' IDENTIFIED BY '000000';

MariaDB [(none)]> GRANT ALL PRIVILEGES ON placement.* \
    TO 'placement'@'localhost' IDENTIFIED BY '000000';
MariaDB [(none)]> GRANT ALL PRIVILEGES ON placement.* \
    TO 'placement'@'%' IDENTIFIED BY '000000';
```

（2）创建用户和服务、绑定角色。Rocky 版本的 Placement 已经从 Nova 中分离出来，所以需要分别为 Nova 和 Placement 创建用户和服务，并绑定角色。代码如下：

```
# openstack user create --domain default --password-prompt nova
# openstack role add --project service --user nova admin
# openstack service create --name nova     --description "OpenStack Compute" compute
# openstack user create --domain default --password-prompt placement
```

```
# openstack role add --project service --user placement admin
# openstack service create --name placement    --description "Placement API" placement
```

（3）创建 Endpoint。需要分别为 Nova 和 Placement 创建 Endpoint，代码如下：

```
# openstack endpoint create --region RegionOne    compute public http://controller:8774/v2.1
# openstack endpoint create --region RegionOne    compute internal http://controller:8774/v2.1
# openstack endpoint create --region RegionOne    compute admin http://controller:8774/v2.1
# openstack endpoint create --region RegionOne    placement public http://controller:8778
# openstack endpoint create --region RegionOne    placement internal http://controller:8778
# openstack endpoint create --region RegionOne    placement admin http://controller:8778
```

（4）安装软件，代码如下：

```
# yum install -y openstack-nova-api openstack-nova-conductor \
  openstack-nova-console openstack-nova-novncproxy \
  openstack-nova-scheduler openstack-nova-placement-api
```

（5）修改配置。

1）修改/etc/nova/nova.conf，代码如下：

```
# vi  /etc/nova/nova.conf
[DEFAULT]
enabled_apis = osapi_compute,metadata
transport_url = rabbit://openstack:000000@controller
my_ip = 192.168.9.100
use_neutron = true
firewall_driver = nova.virt.firewall.NoopFirewallDriver

[api_database]
connection = mysql+pymysql://nova:000000@controller/nova_api

[database]
connection = mysql+pymysql://nova:000000@controller/nova

[placement_database]
connection = mysql+pymysql://placement:000000@controller/placement

[api]
auth_strategy = keystone

[keystone_authtoken]
auth_url = http://controller:5000/v3
memcached_servers = controller:11211
auth_type = password
project_domain_name = Default
user_domain_name = Default
project_name = service
username = nova
password = 000000

[vnc]
enabled = true
server_listen = $my_ip
server_proxyclient_address = $my_ip
novncproxy_base_url = http://controller:6080/vnc_auto.html

[glance]
api_servers = http://controller:9292
```

```
[oslo_concurrency]
lock_path = /var/lib/nova/tmp

[placement]
region_name = RegionOne
project_domain_name = Default
project_name = service
auth_type = password
user_domain_name = Default
auth_url = http://controller:5000/v3
username = placement
password = 000000
```

说明：

- transport_url：设置 Rabbit 消息服务参数。
- firewall_driver：设置防火墙驱动。
- [vnc]：设置 vnc 参数，vnc 是一种远程图形连接工具。
- novncproxy_base_url：设置通过 Web 控制台访问实例的 url 参数。
- [glance]：设置 glance 参数。
- [oslo_concurrency]：设置并发锁。
- [placement]：设置 placement 组件参数。
- [placement_database]：设置 placement 组件的数据库连接参数。
- [api_database]：每个 cell 都有自己的数据库，由于 cell 的数量是可扩展的，所以无法在配置文件中列出所有 cell 对应的数据库；采用的方法是设置一个 api_database，在 api_database 中记录除 cell1 外的数据库的参数。
- [database]：cell1 的数据库连接参数。

2）修改/etc/httpd/conf.d/00-nova-placement-api.conf。nova-placement-api 不是以后台进程的形式提供服务的，而是以 Web 的形式提供服务的。代码如下：

```
# vi /etc/httpd/conf.d/00-nova-placement-api.conf
<Directory /usr/bin>
    <IfVersion >= 2.4>
        Require all granted
    </IfVersion>
    <IfVersion < 2.4>
        Order allow,deny
        Allow from all
    </IfVersion>
</Directory>
```

重启 httpd，代码如下：

```
#systemctl restart httpd
```

（6）初始化数据库。

初始化 nova_api 和 placement 数据库，代码如下：

```
# su -s /bin/sh -c "nova-manage api_db sync" nova
```

注册 cell0 数据库，代码如下：

```
# su -s /bin/sh -c "nova-manage cell_v2 map_cell0" nova
```

创建 cell1，代码如下：

```
# su -s /bin/sh -c "nova-manage cell_v2 create_cell --name=cell1 --verbose" nova
```

初始化 nova 数据库，代码如下：

```
# su -s /bin/sh -c "nova-manage db sync" nova
```

列出集群中的 cell，代码如下：

```
# su -s /bin/sh -c "nova-manage cell_v2 list_cells" nova
```

（7）使能和启动服务，代码如下：

```
# systemctl enable openstack-nova-api.service \
    openstack-nova-consoleauth.service \
    openstack-nova-scheduler.service \
    openstack-nova-conductor.service \
    openstack-nova-novncproxy.service
# systemctl start openstack-nova-api.service \
    openstack-nova-consoleauth.service \
    openstack-nova-scheduler.service \
    openstack-nova-conductor.service \
    openstack-nova-novncproxy.service
```

3．compute 节点的安装与配置

（1）安装软件，代码如下：

```
# yum install -y openstack-nova-compute
```

（2）修改配置。修改/etc/nova/nova.conf，代码如下：

```
# vi   /etc/nova/nova.conf
[DEFAULT]
enabled_apis = osapi_compute,metadata
transport_url = rabbit://openstack:000000@controller
my_ip = 192.168.9.101
use_neutron = true
firewall_driver = nova.virt.firewall.NoopFirewallDriver

[api]
auth_strategy = keystone

[keystone_authtoken]
auth_url = http://controller:5000/v3
memcached_servers = controller:11211
auth_type = password
project_domain_name = Default
user_domain_name = Default
project_name = service
username = nova
password = 000000

[vnc]
enabled = true
server_listen = 0.0.0.0
server_proxyclient_address = $my_ip
novncproxy_base_url = http://controller:6080/vnc_auto.html

[glance]
api_servers = http://controller:9292

[oslo_concurrency]
lock_path = /var/lib/nova/tmp

[placement]
region_name = RegionOne
project_domain_name = Default
```

```
project_name = service
auth_type = password
user_domain_name = Default
auth_url = http://controller:5000/v3
username = placement
password = 000000

[libvirt]
virt_type = qemu
```

说明：[libvirt]用于设置 libvirt API 的提供程序，可以是 qemu、kvm 等。

（3）使能和启动服务，代码如下：

```
# systemctl enable libvirtd.service openstack-nova-compute.service
# systemctl start libvirtd.service openstack-nova-compute.service
```

4．将 compute 节点加入 cell

将 OpenStack 集群中的所有计算节点加入同一个 cell。

（1）列出集群中的计算节点，代码如下：

```
# openstack compute service list --service nova-compute
```

（2）列出集群中的 cell，代码如下：

```
# nova-manage cell_v2 list_cells
```

（3）将计算节点加入 cell，代码如下：

```
# su -s /bin/sh -c "nova-manage cell_v2 discover_hosts --verbose" nova
```

（4）列出 cell 与计算节点的映射，代码如下：

```
# nova-manage cell_v2 list_hosts
```

（5）从 cell 中删除计算节点，代码如下：

```
# nova-manage cell_v2 delete_host --cell_uuid <cell_uuid> --host <host>
```

另外，也可以让集群自动将计算节点加入 cell，只需修改控制节点的/etc/nova/nova.conf，添加以下参数：

```
[scheduler]
discover_hosts_in_cells_interval = 300
```

3.3.6 安装 Neutron

1．Neutron 服务介绍

（1）Neutron 服务的组件。

Neutron 负责网络的创建和管理，以及将其他对象（如实例）绑定到网络中。

Neutron 服务包括以下组件。

1）neutron-server：接受 API 请求，并传递给相应的网络插件，插件是 Neutron 与不同的网络硬件和软件交互的中间件。

2）网络插件：管理接口、创建网络和子网、提供 IP 地址等网络服务。

Neutron 支持两种类型的插件：Core plugin 和 Service plugin。Core plugin 提供网络的核心功能，如网络、子网、端口等，Service plugin 提供网络的扩展功能，如路由、防火墙、负载均衡、VPN 等。

Core plugin 有两种类型：ML2 和与厂商有关的插件。ML2 针对的是软件定义的虚拟网络设备，与厂商有关的插件和特定厂商的硬件相关。

ML2 使用了两种 Driver：Type Drivers 和 Mechaniism Drivers。Type Drivers 负责网络的整体规划，Mechaniism Drivers 根据使用的虚拟网络软件将网络整体规划具体化，形成可以操作的方案和命令，但不实际创建网络，创建网络的任务由网络代理完成。

3）网络代理：OpenStack 通过使用不同的网络代理操作不同厂商的产品，给用户和服务提供了一个统一的接口，从而使用户无须关心产品之间的差异。常用的网络代理有 L3（三层）代理、DHCP 代理等。

4）neutron-metadata-agent：为其他服务和实例提供元数据信息查询服务。元数据包括主机名、固定或浮动 IP 地址、公钥等信息。

（2）OpenStack 网络流量。

OpenStack 系统的网络流量可以分为管理流量、API 流量、客户流量、存储流量和外部流量。管理流量指传输管理命令的流量，API 流量指与 API 请求有关的流量，客户流量指实例之间的流量，存储流量指与块存储和对象存储有关的流量，外部流量指外部网络访问实例时形成的流量。

不同的网络流量可以使用不同的物理线路，多种流量也可以使用同一物理线路。

（3）OpenStack 的网络结构。

OpenStack 的网络可分为 tenant 网络和 provider 网络。tenant 网络即租户网络，租户和项目（project）是可以互换的概念，在早期的 OpenStack 版本中，使用"租户"一词，在后期的 OpenStack 版本中，使用"项目"一词。tenant 网络就是与实例相连的网络，俗称内网；provider 网络就是与供应商相连的网络，俗称外网。

据此，Neutron 支持两种类型的网络结构：provider 网络和 self-service 网络。

1）在 provider 网络中，使用网络服务提供商提供的网络，实例和外网在同一个网络空间，使用相同的 IP 地址段。

2）在 self-service 网络中，能够建立属于自己的网络——tenant 网络，有自己的 DHCP 服务和 DNS 服务，有自己的 IP 地址段（一般是保留的 IP 地址）。tenant 网络和 provider 网络之间使用虚拟路由器连接。

（4）tenant 网络。

OpenStack 可以有多个租户，租户之间的网络要隔离。OpenStack 的 tenant 网络有 Local、Flat、VLAN、VXLAN 和 GRE 等形式。

1）Local 形式的 tenant 网络是与外界隔绝的网络，没有实际应用意义。

2）Flat 形式的 tenant 网络如图 3-7 所示，同一租户的实例与虚拟网桥相连，网桥再与物理网卡相连，一个物理网卡只能供一个租户使用。

3）VLAN 形式的 tenant 网络如图 3-8 所示，同一租户的实例与虚拟网桥相连，网桥再与物理网卡的一个虚拟 VLAN 相连，一个物理网卡可以供多个租户使用。不同节点的实例，因为有相同的 VLAN 所以相互连接；不同租户的实例，因为 VLAN 不同，所以相互隔离。

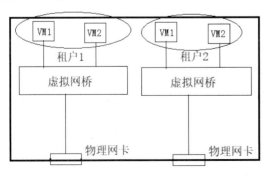

图 3-7 Flat 形式的 tenant 网络

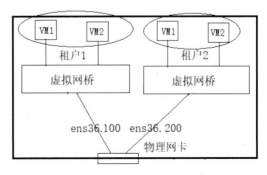

图 3-8 VLAN 形式的 tenant 网络

4）VXLAN 形式的 tenant 网络如图 3-9 所示，同一租户的实例与虚拟网桥相连，不同节点的网络通过 VXLAN 相连。

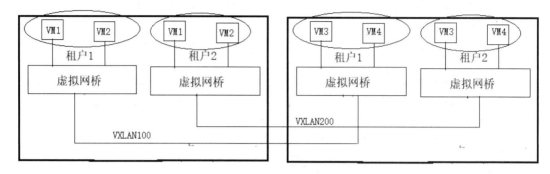

图 3-9   VXLAN 形式的 tenant 网络

5）GRE 形式的 tenant 网络与 VXLAN 形式的 tenant 网络类似，只不过不同节点之间连接的 overlay 网络换成了 GRE 网络。要指出的是，只有 Open VSwitch 支持 GRE 网络，LinuxBridge 只支持 VXLAN 网络。

2. controller 节点的安装和配置

（1）创建数据库和数据库用户，代码如下：

```
# mysql -uroot –p
MariaDB [(none)] CREATE DATABASE neutron;
MariaDB [(none)]> GRANT ALL PRIVILEGES ON neutron.* TO \
    'neutron'@'localhost' IDENTIFIED BY '000000';
MariaDB [(none)]> GRANT ALL PRIVILEGES ON neutron.* TO \
    'neutron'@'%'    IDENTIFIED BY '000000';
```

（2）创建用户和服务、绑定角色，代码如下：

```
# openstack user create --domain default --password-prompt neutron
# openstack role add --project service --user neutron admin
# openstack service create --name neutron --description "OpenStack Networking" network
```

（3）创建 Endpoint，代码如下：

```
# openstack endpoint create --region RegionOne network public http://controller:9696
# openstack endpoint create --region RegionOne network internal http://controller:9696
# openstack endpoint create --region RegionOne network admin http://controller:9696
```

（4）安装软件，代码如下：

```
# yum install -y openstack-neutron openstack-neutron-ml2 openstack-neutron-linuxbridge ebtables
# yum install -y libibverbs
```

（5）修改配置。

1）修改/etc/neutron/neutron.conf，代码如下：

```
# vi /etc/neutron/neutron.conf
[database]
connection = mysql+pymysql://neutron:000000@controller/neutron

[DEFAULT]
core_plugin = ml2
service_plugins = router
allow_overlapping_ips = true
transport_url = rabbit://openstack:000000@controller
auth_strategy = keystone
notify_nova_on_port_status_changes = true
```

```
notify_nova_on_port_data_changes = true

[keystone_authtoken]
www_authenticate_uri = http://controller:5000
auth_url = http://controller:5000
memcached_servers = controller:11211
auth_type = password
project_domain_name = default
user_domain_name = default
project_name = service
username = neutron
password = 000000

[nova]
auth_url = http://controller:5000
auth_type = password
project_domain_name = default
user_domain_name = default
region_name = RegionOne
project_name = service
username = nova
password = 000000

[oslo_concurrency]
lock_path = /var/lib/neutron/tmp
```

说明：

- core_plugin = ml2：设置二层网络插件。
- service_plugins = router：设置三层网络插件。
- allow_overlapping_ips = true：允许 IP 复用。
- notify_nova_on_port_status_changes = true：状态改变时，用于决定是否通知 Nova。
- notify_nova_on_port_data_changes = true：数据改变时，用于决定是否通知 Nova。
- [nova]：设置 Nova 服务参数。

2）修改/etc/neutron/plugins/ml2/ml2_conf.ini，代码如下：

```
# vi  /etc/neutron/plugins/ml2/ml2_conf.ini
[ml2]
type_drivers = flat,vlan,vxlan
tenant_network_types = vxlan
mechanism_drivers = linuxbridge,l2population
extension_drivers = port_security

[ml2_type_flat]
flat_networks = provider

[ml2_type_vlan]
network_vlan_ranges = provider:100:200

[ml2_type_vxlan]
vni_ranges = 1:1000

[securitygroup]
enable_ipset = true
```

说明：

- type_drivers = flat,vlan,vxlan：用于设置支持的二层网络类型。

- tenant_network_types = vxlan：设置 tenant 网络类型。
- mechanism_drivers = linuxbridge,l2population：linuxbridge 指定 Linux 网桥；l2population 指定二层预填充，一般来说，二层网桥通过广播学习 MAC 地址表，l2population 通过预填充的方式填充 MAC 地址表，减少了广播。
- extension_drivers = port_security：扩展驱动，port_security 表示支持在端口上设置基于 IP/MAC 的安全规则。
- flat_networks = provider：flat 类型网络参数。
- vni_ranges = 1:1000：VXLAN 类型网络参数。
- enable_ipset = true：安全组使用 ipset，ipset 是一种操纵内核防火墙的工具。
- network_vlan_ranges = provider:100:200：指定 VLAN 网络使用的 provider 网络和 VLAN ID 范围，provider 是映射的逻辑外网名称，在 linuxbridge_agent.ini 文件中定义。

3）修改/etc/neutron/plugins/ml2/linuxbridge_agent.ini，代码如下：

```
# vi /etc/neutron/plugins/ml2/linuxbridge_agent.ini
[linux_bridge]
physical_interface_mappings = provider:ens36

[vxlan],
enable_vxlan = true
local_ip = 192.168.9.100
l2_population = true

[securitygroup]
enable_security_group = true
firewall_driver = neutron.agent.linux.iptables_firewall.IptablesFirewallDriver
```

说明：

- physical_interface_mappings = provider:ens36：物理外网接口映射，不同的节点，其外网接口的名称不同，通过映射生成一个统一的逻辑外网名称。在这个实例中，provider 是逻辑外网名称，ens36 是物理外网接口名称。
- enable_vxlan = true：是否使用 VXLAN。
- l2_population = true：是否使用 l2_population。
- firewall_driver = neutron.agent.linux.iptables_firewall.IptablesFirewallDriver：安全组驱动。

4）加载模块，代码如下：

```
# lsmod|grep br_netfilter
# modprobe br_netfilter
```

说明：

- 命令 lsmod|grep br_netfilter 用于检查是否加载了 br_netfilter 模块。
- 命令 modprobe br_netfilter 用于加载 br_netfilter 模块。
- 模块 br_netfilter 用于在网桥设备上加入防火墙功能。

5）修改内核参数。内核参数 net.bridge.bridge-nf-call-iptables 和 net.bridge.bridge-nf-call-ip6tables 用于控制是否将内核网桥的包转发到 iptables 进行处理；net.ipv4.ip_forward 用于控制 Linux 内核是否开启包转发功能。

修改文件/etc/sysctl.conf，代码如下：

```
net.bridge.bridge-nf-call-iptables=1
net.bridge.bridge-nf-call-ip6tables=1
net.ipv4.ip_forward = 1
```

文件修改后，执行如下代码，让修改后的文件生效：

```
# sysctl -p
```

6）修改/etc/neutron/l3_agent.ini，代码如下：

```
# vi /etc/neutron/l3_agent.ini
[DEFAULT]
interface_driver = linuxbridge
```

说明：interface_driver = linuxbridge 用于设置路由器与 Linux 网桥连接时使用的驱动程序；如果路由器与 OpenVSwitch 网桥连接，则可以将驱动程序设置为 openvswitch。

7）修改/etc/neutron/dhcp_agent.ini，设置 DHCP 服务，代码如下：

```
# vi /etc/neutron/dhcp_agent.ini
[DEFAULT]
interface_driver = linuxbridge
dhcp_driver = neutron.agent.linux.dhcp.Dnsmasq
enable_isolated_metadata = true
```

说明：

- interface_driver = linuxbridge：设置路由器与 Linux 网桥连接时使用的驱动程序；如果路由器与 OpenVSwitch 网桥连接，则可以将驱动程序设置为 openvswitch。
- dhcp_driver= neutron.agent.linux.dhcp.Dnsmasq：设置 DHCP 服务由 Dnsmasq 实现。
- enable_isolated_metadata = true：当此项的值设置为 true 时，metadata 将会设置在单独的隔离网络中，DHCP 为实例提供 metadata 服务的代理。

8）修改/etc/neutron/metadata_agent.ini，设置 metadata 服务，代码如下：

```
# vi /etc/neutron/metadata_agent.ini
[DEFAULT]
nova_metadata_host = controller
metadata_proxy_shared_secret = 000000
```

说明：metadata_proxy_shared_secret 的值必须与/etc/nova/nova.conf 中 metadata_proxy_shared_secret 的值相同。

9）修改 controller 节点的/etc/nova/nova.conf，让 Nova 使用 Neutron，代码如下：

```
# vi /etc/nova/nova.conf
[neutron]
url = http://controller:9696
auth_url = http://controller:5000
auth_type = password
project_domain_name = default
user_domain_name = default
region_name = RegionOne
project_name = service
username = neutron
password = 000000
service_metadata_proxy = true
metadata_proxy_shared_secret = 000000
```

10）建立符号链接，代码如下：

```
# ln -s /etc/neutron/plugins/ml2/ml2_conf.ini /etc/neutron/plugin.ini
```

（6）初始化数据库，代码如下：

```
# su -s /bin/sh -c "neutron-db-manage --config-file /etc/neutron/neutron.conf \
    --config-file /etc/neutron/plugins/ml2/ml2_conf.ini \
upgrade head" neutron
```

（7）使能和启动服务，代码如下：

```
# systemctl restart openstack-nova-api.service
```

```
# systemctl enable neutron-server.service \
    neutron-linuxbridge-agent.service \
    neutron-dhcp-agent.service \
    neutron-metadata-agent.service
# systemctl start neutron-server.service \
    neutron-linuxbridge-agent.service \
    neutron-dhcp-agent.service \
    neutron-metadata-agent.service
# systemctl enable neutron-l3-agent.service
# systemctl start neutron-l3-agent.service
```

3．compute 节点的安装和配置

（1）安装软件，代码如下：

```
# yum install -y openstack-neutron-linuxbridge ebtables ipset
# yum install libibverbs
```

（2）修改配置。

1）修改/etc/neutron/neutron.conf，代码如下：

```
# vi /etc/neutron/neutron.conf
[DEFAULT]
transport_url = rabbit://openstack:000000@controller
auth_strategy = keystone

[keystone_authtoken]
www_authenticate_uri = http://controller:5000
auth_url = http://controller:5000
memcached_servers = controller:11211
auth_type = password
project_domain_name = default
user_domain_name = default
project_name = service
username = neutron
password = 000000

[oslo_concurrency]
lock_path = /var/lib/neutron/tmp
```

2）修改/etc/neutron/plugins/ml2/linuxbridge_agent.ini，代码如下：

```
# vi /etc/neutron/plugins/ml2/linuxbridge_agent.ini
[linux_bridge]
physical_interface_mappings = provider:ens36

[vxlan]
enable_vxlan = true
local_ip = 192.168.9.101
l2_population = true

[securitygroup]
enable_security_group = true
firewall_driver = neutron.agent.linux.iptables_firewall.IptablesFirewallDriver
```

3）加载模块，代码如下：

```
# lsmod|grep br_netfilter
# modprobe br_netfilter
```

4）修改内核参数，代码如下：

```
# vi /etc/sysctl.conf
net.bridge.bridge-nf-call-iptables=1
net.bridge.bridge-nf-call-ip6tables=1
net.ipv4.ip_forward = 1
```

修改完成后，执行如下代码：

```
# sysctl -p
```

5）修改 controller 节点的/etc/nova/nova.conf，让 Nova 使用 Neutron，代码如下：

```
# vi /etc/nova/nova.conf
[neutron]
url = http://controller:9696
auth_url = http://controller:5000
auth_type = password
project_domain_name = default
user_domain_name = default
region_name = RegionOne
project_name = service
username = neutron
password = 000000
```

（3）使能和启动服务，代码如下：

```
# systemctl restart openstack-nova-compute.service
# systemctl enable neutron-linuxbridge-agent.service
# systemctl start neutron-linuxbridge-agent.service
```

3.3.7   安装 Dashboard

1．Dashboard 服务介绍

Dashboard 提供了管理 OpenStack 的 Web 界面。

2．安装和配置

Dashboard 只在控制节点中进行安装。

（1）安装软件，代码如下：

```
# yum install -y openstack-dashboard
```

（2）修改配置。

1）修改/etc/openstack-dashboard/local_settings，代码如下：

```
# vi /etc/openstack-dashboard/local_settings
OPENSTACK_HOST = "controller"
ALLOWED_HOSTS = ['*', 'two.example.com']
SESSION_ENGINE = 'django.contrib.sessions.backends.cache'

CACHES = {
    'default': {
        'BACKEND': 'django.core.cache.backends.memcached.MemcachedCache',
        'LOCATION': 'controller:11211',
    }
}
OPENSTACK_KEYSTONE_URL = "http://%s:5000/v3" % OPENSTACK_HOST
OPENSTACK_KEYSTONE_MULTIDOMAIN_SUPPORT = True
OPENSTACK_API_VERSIONS = {
    "identity": 3,
    "image": 2,
```

```
        "volume": 2,
    }
OPENSTACK_KEYSTONE_DEFAULT_DOMAIN = "Default"
OPENSTACK_KEYSTONE_DEFAULT_ROLE = "admin"
TIME_ZONE = "Asia/Shanghai"
```

如果采用 provider 网络，那么还需要添加如下代码：

```
OPENSTACK_NEUTRON_NETWORK = {
    'enable_router': False,
    'enable_quotas': False,
    'enable_distributed_router': False,
    'enable_ha_router': False,
    'enable_lb': False,
    'enable_firewall': False,
    'enable_vpn': False,
    'enable_fip_topology_check': False,
}
```

（2）修改/etc/httpd/conf.d/openstack-dashboard.conf，代码如下：

```
# vi /etc/httpd/conf.d/openstack-dashboard.conf
WSGIApplicationGroup %{GLOBAL}
```

（3）重启 httpd 和 memcached 服务，代码如下：

```
# systemctl restart httpd.service memcached.service
```

3.3.8 创建实例

1．创建实例的步骤

（1）创建实例的步骤如下。

1）创建镜像。

2）创建实例类型。

3）创建网络，包括外网、内网、外网子网、内网子网。

4）创建路由器。

5）创建安全组及规则。

6）创建实例。

（2）创建实例的方法。

创建实例时，可以使用 Dashboard 的图形界面，也可以使用 openstack 命令。本节只介绍使用 Dashboard 的图形界面创建实例，使用 openstack 命令创建实例将在 3.4 节介绍。如果使用 Dashboard 的图形界面，则建议在 Windows 操作系统中修改文件 C:\Windows\System32\drivers\ etc\hosts，在其中添加 192.168.9.100 controller。

2．创建实例

（1）登录 Dashboard。通过浏览器（建议使用 Chrome 浏览器）访问 controller 的官网，打开如图 3-10 所示的登录对话框，在文本框中输入域、用户名和密码（安装 Keystone 时创建的用户名和密码），单击"登入"按钮，登录 Dashboard。

登录 Dashboard 后，在页面的右上角可以更改域，如图 3-11 所示。

（2）创建镜像。安装 Glance 时，我们已经创建（上传）过镜像，而在 Dashboard 中，我们也可以创建镜像。在 Dashboard 页面的左侧列表中，依次选择"管理员"→"计算"→"镜像"选项，如图 3-12 所示。

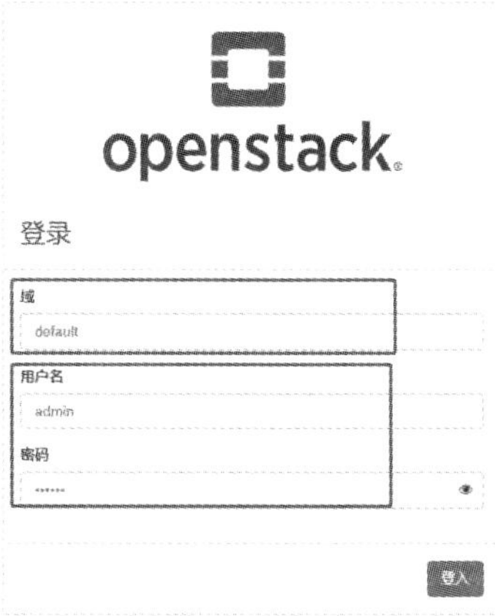

图 3-10　Dashboard 登录对话框 　　　　图 3-11　更改域 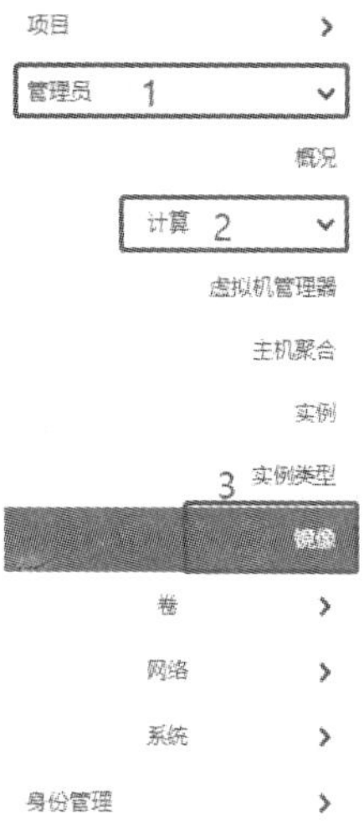　　　　图 3-12　选择"管理员"→
"计算"→"镜像"选项

单击"+创建镜像"按钮，如图 3-13（1）所示。

打开如图 3-13（2）所示的页面，输入镜像名称，选择镜像文件，选择镜像格式，设置镜像共享（可见性），设置是否保护等，单击"创建镜像"按钮。

（1）

（2）

图 3-13　创建镜像

（3）创建实例类型。在 Dashboard 页面的左侧列表中，依次选择"管理员"→"计算"→"实例类型"选项，然后在如图 3-14（1）所示的页面中单击"+创建实例类型"按钮。

在如图 3-14（2）所示的页面中设置名称、ID、VCPU 数量、内存（MB）、根磁盘（GB）等参数，单击"创建实例类型"按钮。

（1）

（2）

图 3-14　创建实例类型

（4）创建网络。

1）创建外网和内网。在 Dashboard 页面的左侧列表中，依次选择"管理员"→"网络"→"网络"选项，然后在如图 3-15（1）所示的页面中单击"+创建网络"按钮。

创建外网。如图 3-15（2）所示，设置各参数，单击"已创建"按钮。

创建内网。使用同样的方法，如图 3-15（3）所示，设置各参数，单击"已创建"按钮。

（1）

图 3-15　创建网络

创建网络

网络 *

名称

ext-net

项目 *

admin

供应商网络类型 *

Flat

物理网络 *

provider

☑ 启用管理员状态

☑ 共享的

☑ 外部网络

☐ 创建子网

可用域提示

nova

创建一个新的网络。额外地，网络中的子网可以在向导的下一步中创建。

截图(Alt + A)

取消　« 返回　已创建

（2）

创建网络

网络 *

名称

int-net

项目 *

admin

供应商网络类型 *

VXLAN

段ID *

1

☑ 启用管理员状态

☑ 共享的

☐ 外部网络

☐ 创建子网

可用域提示

nova

创建一个新的网络。额外地，网络中的子网可以在向导的下一步中创建。

取消　« 返回　已创建

（3）

图 3-15　创建网络（续）

2）为外网和内网创建子网。创建子网的目的是分配 IP 地址、创建 DHCP 服务。

创建外网子网。在如图 3-16（1）所示的网络列表中单击网络名称"ext-net"，打开如图 3-16（2）所示的页面，选择"子网"选项卡。按照如图 3-16（3）和图 3-16（4）所示的内容设置参数。其中，网关 IP 必须是真实的外部路由器的地址，在地址池中输入可用的地址范围。

创建内网子网。创建内网子网的方法与创建外网子网的方法相同，按照如图 3-16（5）和图 3-16（6）所示的内容设置参数。

创建完成后，可以在如图 3-16（7）所示的页面中看到子网信息。

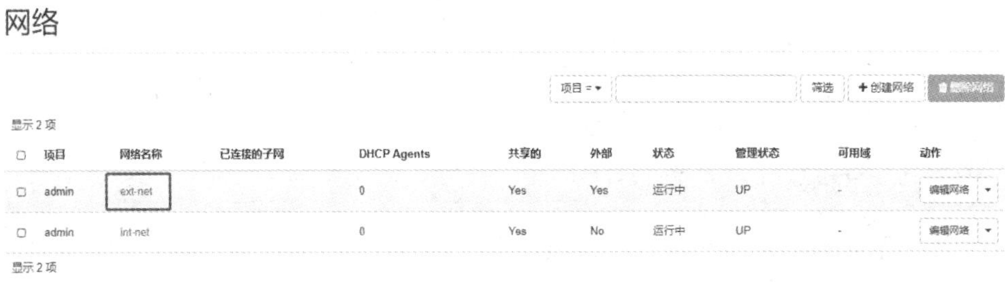

网络

	项目	网络名称	已连接的子网	DHCP Agents	共享的	外部	状态	管理状态	可用域	动作
□	admin	ext-net	0		Yes	Yes	运行中	UP	-	编辑网络
□	admin	int-net	0		Yes	No	运行中	UP	-	编辑网络

显示 2 项

（1）

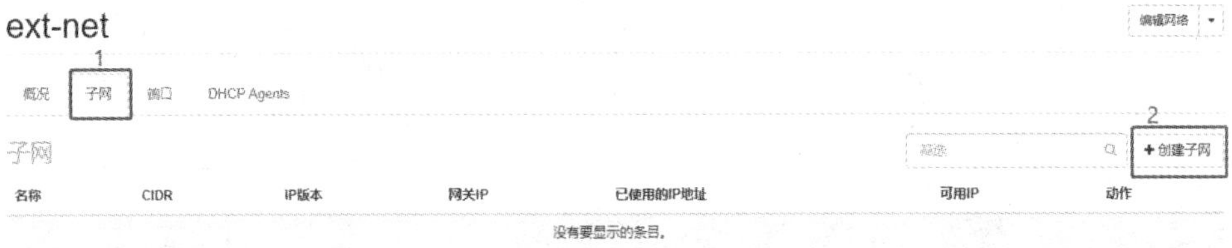

ext-net

概况　子网　端口　DHCP Agents

子网

名称	CIDR	IP版本	网关IP	已使用的IP地址	可用IP	动作

没有要显示的条目。

（2）

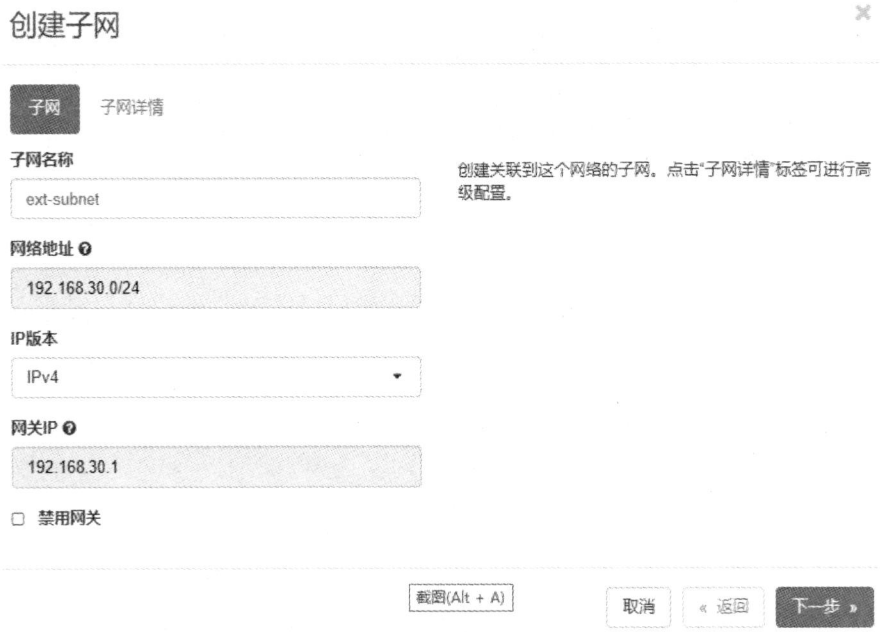

创建子网

子网　子网详情

子网名称
ext-subnet

创建关联到这个网络的子网。点击"子网详情"标签可进行高级配置。

网络地址 ❓
192.168.30.0/24

IP版本
IPv4

网关IP ❓
192.168.30.1

☐ 禁用网关

截图(Alt + A)　取消　« 返回　下一步 »

（3）

图 3-16　创建子网

（4）

（5）

（6）

图 3-16　创建子网（续）

网络

（7）

图 3-16　创建子网（续）

（5）创建安全组。

创建安全组。在 Dashboard 页面的左侧列表中，依次选择"项目"→"网络"→"安全组"选项。然后在如图 3-17（1）所示的页面中单击"+创建安全组"按钮。按照如图 3-17（2）所示的内容设置参数。

安全组

	名称	安全组ID		描述		动作
	default	134f1c33-1179-404e-95e3-a0b72c73440c		Default security group		管理规则

显示 1 项

（1）

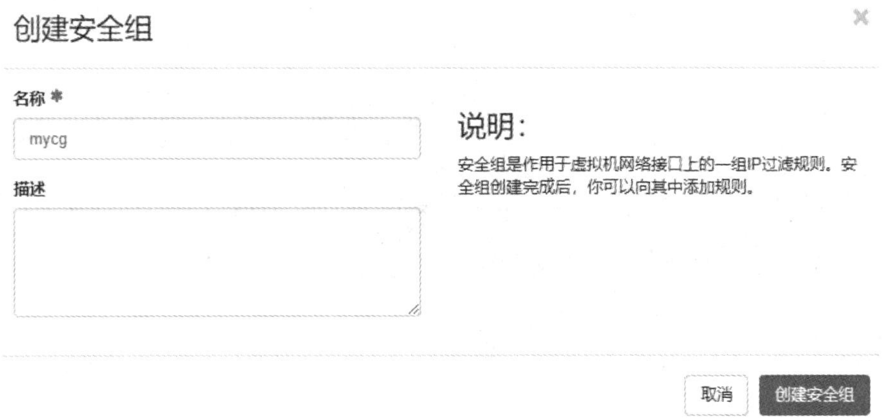

创建安全组

名称 *

mycg

描述

说明：

安全组是作用于虚拟机网络接口上的一组IP过滤规则。安全组创建完成后，你可以向其中添加规则。

取消　创建安全组

（2）

图 3-17　创建安全组

管理安全组规则。创建安全组后，还要为其添加规则。

在如图 3-18（1）所示的页面中，单击右侧的"管理规则"按钮，按照如图 3-18（2）所示的内容设置参数。在"规则"下拉列表中有"所有 ICMP 协议""所有 TCP 协议""所有 UDP 协议"选项可供选择，在"方向"下拉列表中有"入口"和"出口"选项可供选择。共创建 6 条规则，如图 3-18（3）所示。

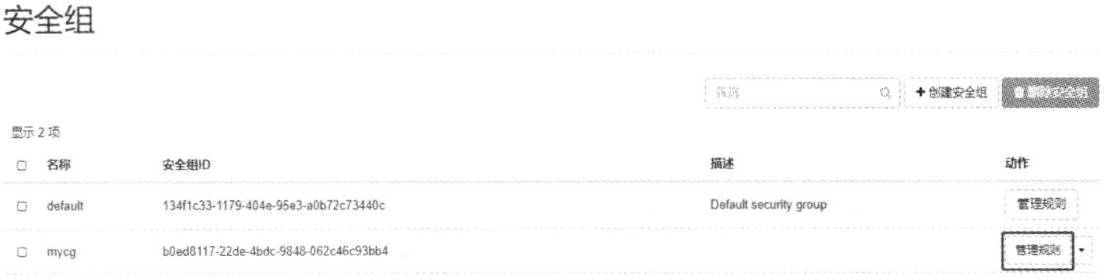

安全组

（1）

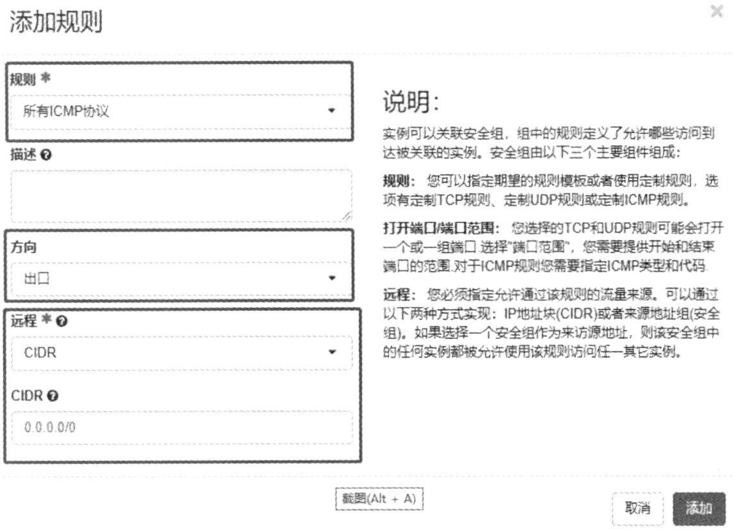

添加规则

规则 *

所有ICMP协议

描述 ?

方向

出口

远程 * ?

CIDR

CIDR ?

0.0.0.0/0

说明：

实例可以关联安全组，组中的规则定义了允许哪些访问到达被关联的实例。安全组由以下三个主要组件组成：

规则： 您可以指定期望的规则模板或者使用定制规则，选项有定制TCP规则、定制UDP规则或定制ICMP规则。

打开端口/端口范围： 您选择的TCP和UDP规则可能会打开一个或一组端口。选择"端口范围"，您需要提供开始和结束端口的范围。对于ICMP规则您需要指定ICMP类型和代码。

远程： 您必须指定允许通过该规则的流量来源。可以通过以下两种方式实现：IP地址块(CIDR)或者来源地址组(安全组)。如果选择一个安全组作为来源地址，则该安全组中的任何实例都被允许使用该规则访问任一其它实例。

截图(Alt + A)

取消　添加

（2）

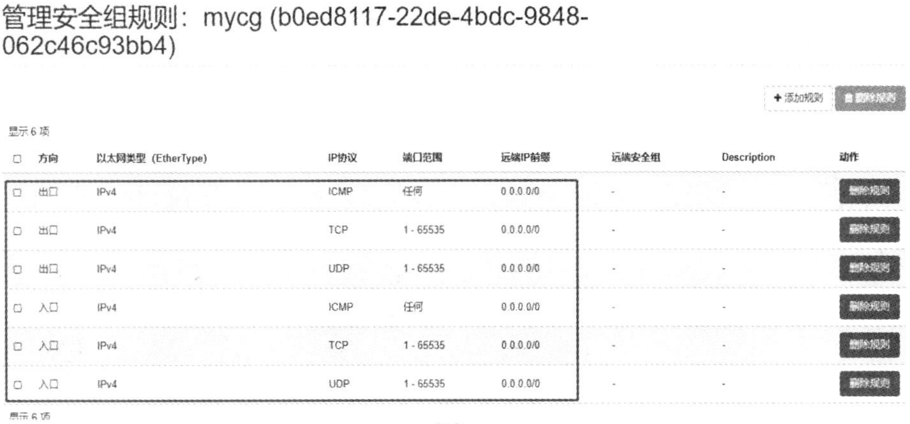

管理安全组规则：mycg (b0ed8117-22de-4bdc-9848-062c46c93bb4)

＋添加规则　　删除规则

显示 6 项

	方向	以太网类型 (EtherType)	IP协议	端口范围	远端IP前缀	远端安全组	Description	动作
□	出口	IPv4	ICMP	任何	0.0.0.0/0	-	-	删除规则
□	出口	IPv4	TCP	1 - 65535	0.0.0.0/0	-	-	删除规则
□	出口	IPv4	UDP	1 - 65535	0.0.0.0/0	-	-	删除规则
□	入口	IPv4	ICMP	任何	0.0.0.0/0	-	-	删除规则
□	入口	IPv4	TCP	1 - 65535	0.0.0.0/0	-	-	删除规则
□	入口	IPv4	UDP	1 - 65535	0.0.0.0/0	-	-	删除规则

显示 6 项

（3）

图 3-18　管理安全组规则

（6）创建路由器。在 Dashboard 页面的左侧列表中，依次选择"项目"→"网络"→"路由"选项，然后在如图 3-19（1）所示的页面中单击"+新建路由"按钮。按照如图 3-19（2）所示的内容设置参数。

增加接口。新建的路由器已与外网连接，需要增加一个与内网连接的接口。在如图 3-19（3）所示的页面中单击路由器名称"router1"，在如图 3-19（4）所示的页面中单击"接口"选项卡，再单击"+增加接口"按钮，按照如图 3-19（5）所示的内容设置参数。

路由

（1）

新建路由

路由名称
router1

☑ 启用管理员状态

外部网络
ext-net

☑ 启用SNAT

可用域提示 ❓
nova

说明：
基于特殊参数创建一路由。
仅当设置了外部网络时，启用SNAT才会生效。

取消　新建路由

（2）

路由

路由名称 = ▼ _____ 筛选 ＋新建路由 🗑 删除路由

显示 1 项

	名称	状态	外部网络	管理状态	可用域	动作
☐	router1	运行中	ext-net	UP	nova	清除网关

显示 1 项

（3）

router1   清除网关 ▼

概况　　接口　　静态路由表

＋增加接口　🗑 删除接口

显示 1 项

	名称	固定IP	状态	类型	管理状态	动作
☐	(247efb53-d117)	• 192.168.30.106	运行中	外部网关	UP	删除接口

显示 1 项

（4）

增加接口

子网 ＊
Int-net: 10.1.1.0/24 (int-subnet)

IP地址(可选) ❓
_____

说明：
您可以将一个指定的子网连接到路由器

这里如果你不指定一个IP地址，则会使用被选子网的
网关地址作为路由器上新建接口的IP地址。如果网关IP
地址已经被使用，你必须使用选子网的其它地址。

取消　提交

（5）

图 3-19　创建路由器

（7）查看网络拓扑结构。在 Dashboard 页面的左侧列表中，依次选择“项目”→“网络”→“网络拓扑”选项，打开如图 3-20 所示的网络拓扑结构。

从图 3-20 中可以看到，该网络拓扑结构包含内网和外网，内网与外网使用路由器连接起来。

ext-net
int-net
192.168.30.0/24
10.1.1.0/24

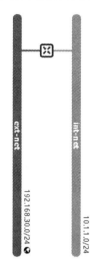

图 3-20　查看网络拓扑结构

（8）创建实例。在 Dashboard 页面的左侧列表中，依次选择“项目”→“计算”→“实例”选项。在如图 3-21（1）所示的页面中单击“+创建实例”按钮，按照如图 3-21（2）～图 3-21（6）所示的内容设置详情、源、实例类型、网络、安全组，完成实例的创建。

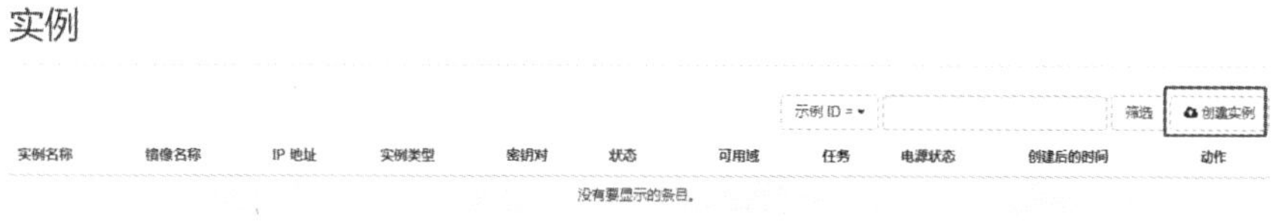
实例
筛选
创建实例
实例名称
镜像名称
IP 地址
实例类型
密钥对
状态
可用域
任务
电源状态
创建后的时间
动作
没有要显示的条目。

（1）

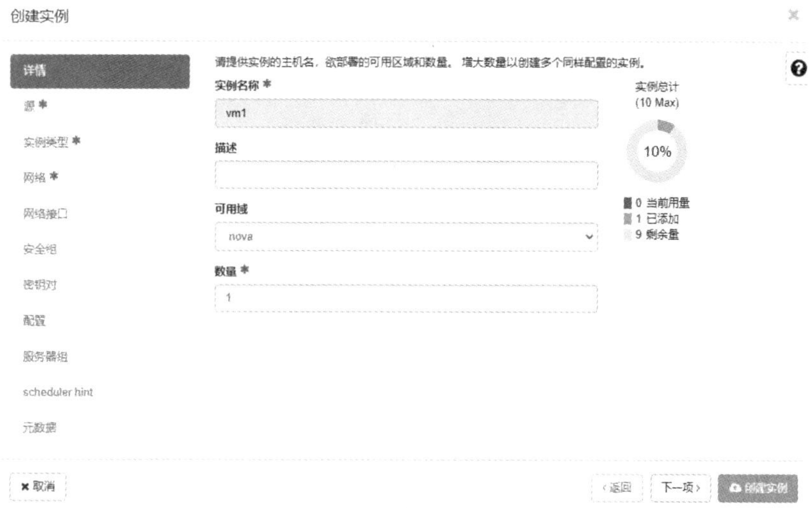
创建实例
详情
源 *
实例类型 *
网络 *
网络接口
安全组
密钥对
配置
服务器组
scheduler hint
元数据
请提供实例的主机名，欲部署的可用区域和数量。增大数量以创建多个同样配置的实例。
实例名称 *
vm1
描述
可用域
nova
数量 *
1
实例总计
(10 Max)
10%
0 当前用量
1 已添加
9 剩余量
× 取消
‹ 返回
下一项 ›
创建实例

（2）

图 3-21　创建实例

图 3-21　创建实例（续）

（6）

图 3-21　创建实例（续）

（9）绑定浮动 IP 地址。实例创建后会有一个内网 IP 地址，若想让外部能够访问实例，则还需分配一个外网 IP 地址。

在 Dashboard 页面的左侧列表中，依次选择"项目"→"计算"→"实例"选项。在页面中出现名称为"vm1"的实例，在右侧的下拉列表中选择"绑定浮动 IP"选项，如图 3-22（1）所示。打开如图 3-22（2）所示的对话框，先单击方框 1 处的"+"按钮，创建一个浮动 IP 地址，然后分别在方框 2 处的 IP 地址下拉列表和方框 3 处的待连接的端口下拉列表中选择外网 IP 地址和内网 IP 地址进行绑定。绑定完成后，可以在如图 3-22（3）所示的实例列表中看到实例的外网 IP 地址和内网 IP 地址。

图 3-22　绑定浮动 IP 地址

实例

☐	实例名称	镜像名称	IP地址	实例类型	密钥对	状态	可用域	任务	电源状态	创建后的时间	动作
☐	vm1	-	10.1.1.3 浮动IP: 192.168.30.102	f1	-	运行	nova	无	运行中	5 minutes	创建快照

显示1项

（3）

图 3-22　绑定浮动 IP 地址（续）

3．访问实例

访问实例有多种方法，这里重点介绍在 Dashboard 中访问实例，以及通过 SecureCRT 访问实例。

（1）在 Dashboard 中访问实例。为了能在 Dashboard 中访问实例，需要修改 Windows 的 hosts 文件，在该文件中添加一行代码：192.168.9.100 controller。在实例列表中单击实例名称，然后在如图 3-23 所示的页面中单击"控制台"选项卡，就能看到实例的图形界面。这时还不能与实例进行交互，若想与实例进行交互，则单击图 3-23 中方框 2 处的超链接，在一个单独页面中打开控制台，就可以对实例进行操作了。

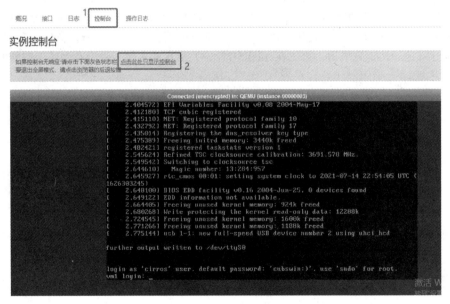

图 3-23　实例控制台

（2）通过 SecureCRT 访问实例。打开 SecureCRT，使用实例的外网 IP 地址连接实例即可。

4．网络结构分析

虚拟系统中最复杂的就是虚拟网络，下面来分析前面所创建的网络结构。需要说明的是，OpenStack 支持多种形式的网络，本节所创建的 VXLAN 网络是最常用的形式之一。

（1）controller 节点的网络分析。

查看虚拟网桥，代码如下：

```
# brctl show
bridge name          bridge id              STP enabled      interfaces
brq6a76ad9e-ba           8000.000c291528ae      no               ens36
                                                                  tap013d3b95-33
                                                                  tap247efb53-d1
brq6cf9c01d-91           8000.aa549ac4956c      no               tapb929e346-0f
                                                                  tapcef0b0b8-fc
                                                                  vxlan-1
```

网桥 brq6cf9c01d-91 有三个接口，其中的一个接口是 vxlan-1，我们约定，将 brq6cf9c01d-91 称为 br-int。网桥 brq6a76ad9e-ba 有三个接口，其中的 ens36 接口是物理外网接口，用于连接外网，我们约定，将 brq6a76ad9e-ba 称为 br-ext。

查看 veth，代码如下：

```
# ip link list type veth
13: tap013d3b95-33@if2: ……
15: tapb929e346-0f@if2: ……
18: tap247efb53-d1@if2: ……
19: tapcef0b0b8-fc@if3: ……
```

四个 veth 刚好连接在两个网桥上。其中，连接 br-int 的一个 veth 的对端是 if3，其余 veth 的对端都是 if2。

查看 vxlan，代码如下：

```
# ip link list type vxlan
16: vxlan-1: ……
```

这个接口就连接在 br-int 上。

查看网络名字空间，代码如下：

```
# ip netns list
qrouter-52c99e48-aa83-4d5e-8a7c-a4b47dc36dac (id: 2)
qdhcp-6cf9c01d-917d-4a3f-97e1-db765e7d7868 (id: 1)
qdhcp-6a76ad9e-bace-40f2-86cf-b85f78fef66e (id: 0)
```

有三个网络名字空间。其中，两个网络名字空间的前缀是qdhcp，另一个网络名字空间的前缀是 qrouter。

查看 id:1 网络名字空间，代码如下：

```
# ip netns exec qdhcp-6cf9c01d-917d-4a3f-97e1-db765e7d7868 ip link
2: ns-b929e346-0f@if15: ……
```

id:1 网络名字空间有一个 veth，对端是 if15，if15 正好连接在 br-int 上，从这里可以看出，br-int 连接了一个 DHCP 服务器。

查看 id:2 网络名字空间，代码如下：

```
# ip netns exec qdhcp-6a76ad9e-bace-40f2-86cf-b85f78fef66e ip link
2: ns-013d3b95-33@if13: ……
```

id:2 网络名字空间有一个 veth，对端是 if13，if13 正好连接在 br-ext 上，从这里可以看出，br-ext 也连接了一个 DHCP 服务器。

查看 id:0 网络名字空间，代码如下：

```
# ip netns exec qrouter-52c99e48-aa83-4d5e-8a7c-a4b47dc36dac ip link
2: qr-cef0b0b8-fc@if18: ……
3: qg-247efb53-d1@if19: ……
```

id:0 网络名字空间有两个 veth，对端分别是 if18 和 if19，if18 正好连接在 br-ext 上，if19 正好连接在 br-int 上，br-ext 和 br-int 分别代表路由器的两个接口。

（2）controller 节点网络分析，代码如下：

```
# ip link
```

```
7: tap8a5faa46-fe: ……
8: vxlan-1: ……
# brctl show
bridge name        bridge id            STP enabled    interfaces
brq6cf9c01d-91     8000.5ed47c5d0955    no             tap8a5faa46-fe
                                                        vxlan-1
```

从上述代码中可以看出，当前只有一个虚拟网桥、两个接口，其中一个接口为 vxlan-1。我们约定，将 brq6cf9c01d-91 称为 br-int。

查询虚拟机信息，代码如下：

```
# virsh list
 Id    Name                      State
----------------------------------------------------------
 1     instance-00000003         running

# virsh dumpxml instance-00000003
……
    <interface type='bridge'>
      <mac address='fa:16:3e:e1:b2:a9'/>
      <source bridge='brq6cf9c01d-91'/>
      <target dev='tap8a5faa46-fe'/>
      <model type='virtio'/>
      <driver name='qemu'/>
      <mtu size='1450'/>
      <alias name='net0'/>
      <address type='pci' domain='0x0000' bus='0x00' slot='0x03' function='0x0'/>
    </interface>
……
```

从上述代码中可以看出，虚拟网络接口 tap8a5faa46-fe 连接了 br-int，实例也在使用这个接口，实例通过这个接口连接到 br-int 上。

查看网络接口类型，代码如下：

```
# ip tuntap list
tap8a5faa46-fe: tap vnet_hdr
```

从上述代码中可以看出，tap8a5faa46-fe 的类型是 tap。tap 是 Linux 的一种虚拟网络接口，只支持到第二层（数据链路层）。

综合上述分析，可以得到如图 3-24 所示的网络拓扑结构。

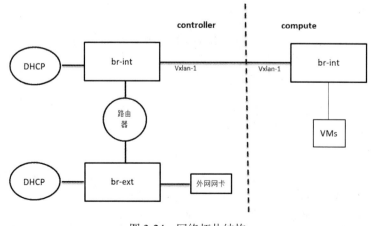

图 3-24　网络拓扑结构

3.3.9　安装 Cinder

1．Cinder 服务介绍

Cinder 是 OpenStack 的块存储服务，可以为实例提供额外的块存储设备，同时负责卷的管理。Cinder 服务包括以下组件。

（1）cinder-api：接受 API 请求，并将请求传递给 cinder-volume。

（2）cinder-volume：cinder-volume 负责将读写请求发送给块存储服务并维护状态；cinder-volume 可以与不同的存储提供者（如 SAN/NAS、iSCSI、NFS、cephfs）进行交互。

（3）cinder-scheduler 后台进程：选择最佳节点创建卷。

（4）cinder-backup 后台进程：可选组件，提供备份功能。

2．controller 节点的安装和配置

将/dev/sdb1 作为 Cinder 设备，下面举例说明。

（1）创建数据库和数据库用户，代码如下：

```
# mysql -u root –p000000
MariaDB [(none)]> CREATE DATABASE cinder;
MariaDB [(none)]> GRANT ALL PRIVILEGES ON cinder.* \
   TO 'cinder'@'localhost' IDENTIFIED BY '000000';
MariaDB [(none)]> GRANT ALL PRIVILEGES ON cinder.* \
   TO 'cinder'@'%' IDENTIFIED BY '000000';
```

（2）创建用户和服务、绑定角色，代码如下：

```
# openstack user create --domain default --password-prompt cinder
# openstack role add --project service --user cinder admin
# openstack service create --name cinderv2 \
   --description "OpenStack Block Storage" volumev2
# openstack service create --name cinderv3 \
   --description "OpenStack Block Storage" volumev3
```

（3）创建 Endpoints，代码如下：

```
# openstack endpoint create --region RegionOne \
   volumev2 public http://controller:8776/v2/%\(project_id\)s
# openstack endpoint create --region RegionOne \
   volumev2 internal http://controller:8776/v2/%\(project_id\)s
# openstack endpoint create --region RegionOne \
   volumev2 admin http://controller:8776/v2/%\(project_id\)s
# openstack endpoint create --region RegionOne \
   volumev3 public http://controller:8776/v3/%\(project_id\)s
# openstack endpoint create --region RegionOne \
   volumev3 internal http://controller:8776/v3/%\(project_id\)s
# openstack endpoint create --region RegionOne \
   volumev3 admin http://controller:8776/v3/%\(project_id\)s
```

（4）安装软件，代码如下：

```
# yum install -y openstack-cinder
```

（5）修改配置。修改/etc/cinder/cinder.conf，代码如下：

```
# vi   /etc/cinder/cinder.conf
[database]
connection = mysql+pymysql://cinder:000000@controller/cinder

[DEFAULT]
transport_url = rabbit://openstack:000000@controller
auth_strategy = keystone
```

```
my_ip = 192.168.9.100

[keystone_authtoken]
www_authenticate_uri = http://controller:5000
auth_url = http://controller:5000
memcached_servers = controller:11211
auth_type = password
project_domain_id = default
user_domain_id = default
project_name = service
username = cinder
password = 000000

[oslo_concurrency]
lock_path = /var/lib/cinder/tmp
```

（6）初始化数据库，代码如下：

```
# su -s /bin/sh -c "cinder-manage db sync" cinder
```

（7）配置 Nova 使用 Cinder。

修改 Nova 配置文件，代码如下：

```
# vi /etc/nova/nova.conf
[cinder]
os_region_name = RegionOne
```

重启 NovaAPI 服务，代码如下：

```
# systemctl restart openstack-nova-api.service
```

（8）使能和启动服务，代码如下：

```
# systemctl enable openstack-cinder-api.service openstack-cinder-scheduler.service
# systemctl start openstack-cinder-api.service openstack-cinder-scheduler.service
```

3．存储节点（compute 节点）的安装和配置

（1）配置逻辑卷。

安装 LVM 软件，代码如下：

```
# yum install -y lvm2 device-mapper-persistent-data
```

启动和使能 LVM 服务，代码如下：

```
# systemctl enable lvm2-lvmetad.service
# systemctl start lvm2-lvmetad.service
```

创建逻辑卷组，代码如下：

```
# pvcreate /dev/sdb1
# vgcreate cinder-volumes /dev/sdb1
```

修改 LVM 配置，代码如下：

```
# vi  /etc/lvm/lvm.conf
devices {
...
filter = [ "a/sdb1/", "r/.*/"]
```

说明：filter 用于设置系统描述 LVM 的过滤条件，"a/sdb1/"代表接受的模式，"r/.*/"代表拒绝的模式。

（2）安装 Cinder 软件，代码如下：

```
# yum install -y openstack-cinder targetcli python-keystone
```

（3）修改 Cinder 配置，代码如下：

```
# vi /etc/cinder/cinder.conf:
  [database]
connection = mysql+pymysql://cinder:000000@controller/cinder
```

```
[DEFAULT]
transport_url = rabbit://openstack:000000@controller
auth_strategy = keystone
my_ip = 192.168.9.101
enabled_backends = lvm
glance_api_servers = http://controller:9292

[keystone_authtoken]
www_authenticate_uri = http://controller:5000
auth_url = http://controller:5000
memcached_servers = controller:11211
auth_type = password
project_domain_id = default
user_domain_id = default
project_name = service
username = cinder
password = 000000

[lvm]
volume_driver = cinder.volume.drivers.lvm.LVMVolumeDriver
volume_group = cinder-volumes
iscsi_protocol = iscsi
iscsi_helper = lioadm

[oslo_concurrency]
lock_path = /var/lib/cinder/tmp
```

说明：[lvm]用于设置 LVM 的相关参数。

（4）使能和启动服务，代码如下：

```
# systemctl enable openstack-cinder-volume.service target.service
# systemctl start openstack-cinder-volume.service target.service
```

4．验证

在 controller 节点进行验证，代码如下：

```
# openstack volume service list
```

3.3.10　安装 Swift

1．Swift 服务介绍

Swift 是一种高可用的、分布式的、一致的对象存储服务。

（1）账户（account）、容器（container）和对象（object）。

账户、容器和对象是三个层次结构的概念。

- 账户：不同的用户拥有不同的账户；账户属于顶层概念，一个账户可以拥有多个容器。
- 容器：具有名字空间的作用，用于将相关对象组织在一起，可以包含多个对象。
- 对象：存储的文件。

（2）环（ring）。

环是实体与实际存储位置的映射，环有账户环、容器环和对象环三种类型。当用户要存取实体时，通过环查询其实际存储位置。

环通过 Hash 算法将对象映射到一个 partition 数（partition 数的值是 2 的 n 次幂）中，再由 partition 数映射到设备中。

环会保持多个副本，但副本数量不能大于设备数量。

（3）Swift 的主要组件。

- swift-proxy-server：接受 API 请求上传文件、修改元数据和创建容器，还可以列出文件和容器。
- swift-account-server：管理账号。
- container servers (swift-container-server)：管理容器和目录的映射。
- object servers (swift-object-server)：管理实际的对象，如文件、节点。

2. controller 节点安装与配置

将/dev/sdb2 和/dev/sdb3 作为 Swift 设备，下面举例说明。

（1）创建用户和服务、绑定角色，代码如下：

```
# openstack user create --domain default --password "000000" swift
# openstack role add --project service --user swift admin
# openstack service create --name swift \
   --description "OpenStack Object Storage" object-store
```

（2）创建 Endpoints，代码如下：

```
# openstack endpoint create --region RegionOne object-store \
  public http://controller:8080/v1/AUTH_%\(project_id\)s
# openstack endpoint create --region RegionOne object-store \
  internal http://controller:8080/v1/AUTH_%\(project_id\)s
# openstack endpoint create --region RegionOne \
  object-store admin http://controller:8080/v1
```

（3）安装软件，代码如下：

```
# yum install -y openstack-swift-proxy python-swiftclient \
  python-keystoneclient python-keystonemiddleware \
  memcached
```

（4）配置 proxy-server。

1）下载配置文件，代码如下：

```
# curl -o /etc/swift/proxy-server.conf \
https://opendev.org/openstack/swift/raw/branch/stable/rocky/etc/proxy-server.conf-sample***
```

2）修改配置文件/etc/swift/proxy-server.conf，代码如下：

```
# vi /etc/swift/proxy-server.conf
[DEFAULT]
bind_port = 8080
user = swift
swift_dir = /etc/swift

[pipeline:main]
pipeline = catch_errors gatekeeper healthcheck proxy-logging cache container_sync bulk ratelimit authtoken
keystoneauth container-quotas account-quotas slo dlo versioned_writes proxy-logging proxy-server

[app:proxy-server]
use = egg:swift#proxy
account_autocreate = True

[filter:keystoneauth]
use = egg:swift#keystoneauth
operator_roles = admin,user

[filter:authtoken]
```

```
paste.filter_factory = keystonemiddleware.auth_token:filter_factory
www_authenticate_uri = http://controller:5000
auth_url = http://controller:5000
memcached_servers = controller:11211
auth_type = password
project_domain_id = default
user_domain_id = default
project_name = service
username = swift
password = 000000
delay_auth_decision = True

[filter:cache]
use = egg:swift#memcache
memcache_servers = controller:11211
```

3. 对象存储节点（compute）的安装与配置

（1）安装和配置 rsyncd。

1）安装软件，代码如下：

 # yum install -y xfsprogs rsync

2）准备磁盘和挂载，代码如下：

 # mkfs.xfs /dev/sdb2
 # mkfs.xfs /dev/sdb3
 # mkdir -p /srv/node/sdb2
 # mkdir -p /srv/node/sdb3
 # vi　/etc/fstab
```
/dev/sdb2 /srv/node/sdb2 xfs noatime,nodiratime,nobarrier,logbufs=8 0 2
/dev/sdb3 /srv/node/sdb2 xfs noatime,nodiratime,nobarrier,logbufs=8 0 2
```
 # mount /srv/node/sdb2
 # mount /srv/node/sdb3

3）配置 syncd，代码如下：

 # vi /etc/rsyncd.conf
```
uid = swift
gid = swift
log file = /var/log/rsyncd.log
pid file = /var/run/rsyncd.pid
address = 192.168.9.101

[account]
max connections = 2
path = /srv/node/
read only = False
lock file = /var/lock/account.lock

[container]
max connections = 2
path = /srv/node/
read only = False
lock file = /var/lock/container.lock

[object]
max connections = 2
path = /srv/node/
read only = False
```

```
lock file = /var/lock/object.lock
```
4）启动 rsyncd 服务，代码如下：
```
# systemctl enable rsyncd.service
# systemctl start rsyncd.service
```
（2）安装 Swift 组件。

1）安装软件，代码如下：
```
# yum install -y openstack-swift-account openstack-swift-container \
    openstack-swift-object
```
2）下载 account-server、container-server 和 object-server 的配置文件，代码如下：
```
# curl -o /etc/swift/account-server.conf \
https://opendev.org/openstack/swift/raw/branch/stable/rocky/etc/account-server.conf-sample***
# curl -o /etc/swift/container-server.conf \
https://opendev.org/openstack/swift/raw/branch/stable/rocky/etc/container-server.conf-sample***
# curl -o /etc/swift/object-server.conf \
https://opendev.org/openstack/swift/raw/branch/stable/rocky/etc/object-server.conf-sample***
```
3）修改 account-server 的配置文件，代码如下：
```
# vi /etc/swift/account-server.conf
[DEFAULT]
bind_ip = 192.168.9.101
bind_port = 6202
user = swift
swift_dir = /etc/swift
devices = /srv/node
mount_check = True

[pipeline:main]
pipeline = healthcheck recon account-server

[filter:recon]
use = egg:swift#recon
recon_cache_path = /var/cache/swift
```
4）修改 container-server 的配置文件，代码如下：
```
# vi /etc/swift/container-server.conf
[DEFAULT]
bind_ip = 192.168.9.101
bind_port = 6201
user = swift
swift_dir = /etc/swift
devices = /srv/node
mount_check = True

[pipeline:main]
pipeline = healthcheck recon container-server

[filter:recon]
use = egg:swift#recon
recon_cache_path = /var/cache/swift
```
5）修改 object-server 的配置文件，代码如下：
```
# vi /etc/swift/object-server.conf
[DEFAULT]
bind_ip = 192.168.9.101
bind_port = 6200
user = swift
```

```
swift_dir = /etc/swift
devices = /srv/node
mount_check = True

[pipeline:main]
pipeline = healthcheck recon object-server

[filter:recon]
use = egg:swift#recon
recon_cache_path = /var/cache/swift
recon_lock_path = /var/lock
```

6）准备目录，代码如下：

```
# chown -R swift:swift /srv/node
# mkdir -p /var/cache/swift
# chown -R root:swift /var/cache/swift
# chmod -R 775 /var/cache/swift
```

（3）生成环。

1）生成账户环，代码如下：

```
# cd /etc/swift
# swift-ring-builder account.builder create 8 2 1
# swift-ring-builder account.builder \
   add --region 1 --zone 1 --ip 192.168.9.101 --port 6202 \
   --device sdb2 --weight 100
# swift-ring-builder account.builder \
   add --region 1 --zone 1 --ip 192.168.9.101 --port 6202 \
   --device sdb3 --weight 100
```

说明：

- 在上述代码中，"8" "2" "1" 三个数字分别代表 part_power、replicas 和 min_part_hours。
- part_power：partition 的指数。在实际应用中，将 partition 的数值设置成磁盘数量的 100 倍会得到比较好的命中率。例如，预计集群不会使用超过 5000 块磁盘，那么 partition 的数值为 500000，则 19 为需要设置的 part_power 值（因为 2^19=524288）。
- replicas：副本的数量。此参数主要用于容灾。副本的数量默认为 3，副本数量越多，实际用于存储的 partition 就越少。副本数量不能大于设备数量。
- min_part_hours：最小移动间隔。partition 会出于一些原因移动，实际上是 partition 中的数据移动所导致的。为了避免网络拥塞，partition 不会频繁移动。默认最小移动间隔为 1 小时。

验证环，代码如下：

```
# swift-ring-builder account.builder
```

平衡环，代码如下：

```
# swift-ring-builder account.builder rebalance
```

2）生成容器环，代码如下：

```
# cd   /etc/swift
# swift-ring-builder container.builder create 8 2 1
# swift-ring-builder container.builder \
   add --region 1 --zone 1 --ip 192.168.9.101 --port 6201 \
   --device sdb2 --weight 100
# swift-ring-builder container.builder \
   add --region 1 --zone 1 --ip 192.168.9.101 --port 6201 \
   --device sdb3 --weight 100
```

验证环，代码如下：

```
# swift-ring-builder container.builder
```

平衡环，代码如下：

```
# swift-ring-builder container.builder rebalance
```

3）生成对象环，代码如下：

```
# cd /etc/swift
# swift-ring-builder object.builder create 8 2 1
# swift-ring-builder object.builder \
    add --region 1 --zone 1 --ip 192.168.9.101 --port 6200 \
    --device sdb2 --weight 100
# swift-ring-builder object.builder \
    add --region 1 --zone 1 --ip 192.168.9.101 --port 6200 \
    --device sdb3 --weight 100
```

验证环，代码如下：

```
# swift-ring-builder object.builder
```

平衡环，代码如下：

```
# swift-ring-builder object.builder rebalance
```

（4）分发环。将 account.ring.gz、container.ring.gz、object.ring.gz 复制到所有节点（包括存储节点和 controller 节点）的 /etc/swift 目录中。

（5）最后进行配置。

1）下载配置文件，代码如下：

```
# curl -o /etc/swift/swift.conf \
    https://opendev.org/openstack/swift/raw/branch/stable/rocky/etc/swift.conf-sample***
```

2）修改配置文件，代码如下：

```
vi /etc/swift/swift.conf
[swift-hash]
swift_hash_path_suffix = HASH_PATH_SUFFIX
swift_hash_path_prefix = HASH_PATH_PREFIX
[storage-policy:0]
name = Policy-0
default = yes
```

3）分发配置文件。把 swift.conf 文件复制到所有节点（包括存储节点和 controller 节点）的 /etc/swift 目录中，代码如下：

```
# chown -R root:swift /etc/swift
```

4）在 controller 节点和其他代理节点中运行以下代码：

```
# systemctl enable openstack-swift-proxy.service memcached
# systemctl start openstack-swift-proxy.service memcached.service
```

5）在存储节点中运行以下代码：

```
# systemctl enable openstack-swift-account \
    openstack-swift-account-auditor \
    openstack-swift-account-reaper.service \
    openstack-swift-account-replicator.service
# systemctl start openstack-swift-account.service \
    openstack-swift-account-auditor.service \
    openstack-swift-account-reaper.service \
    openstack-swift-account-replicator.service
# systemctl enable openstack-swift-container.service \
    openstack-swift-container-auditor.service \
    openstack-swift-container-replicator.service \
    openstack-swift-container-updater.service
# systemctl start openstack-swift-container.service \
    openstack-swift-container-auditor.service \
    openstack-swift-container-replicator.service \
```

```
  openstack-swift-container-updater.service
# systemctl enable openstack-swift-object.service \
  openstack-swift-object-auditor.service \
  openstack-swift-object-replicator.service \
  openstack-swift-object-updater.service
# systemctl start openstack-swift-object.service \
  openstack-swift-object-auditor.service \
  openstack-swift-object-replicator.service \
  openstack-swift-object-updater.service
```

4．验证

在 controller 节点中进行验证，代码如下：

```
# swift stat
# openstack container create container1
# openstack object create container1 FILE
# openstack object list container1
# openstack object save container1 FILE
```

3.4　OpenStack 云计算平台维护

3.4.1　命令行工具概述

1．openstack 命令

在早期的 OpenStack 版本中，每种服务都有专用命令。例如，管理镜像使用 glance 命令，管理实例使用 nova 命令。

在如今的 OpenStack 版本中，所有功能都被整合到 openstack 命令中，以子命令的形式完成各项功能。例如，管理实例使用 openstack server 命令，管理镜像使用 openstack image 命令。

2．认证

openstack 命令属于客户端工具，其工作原理是将命令转化为 RESTful，并将结果格式化后再输出。

openstack 命令在使用时需要认证。可以通过以下参数项为 openstack 命令传递认证有关的参数：

```
[--os-identity-api-version <identity-api-version>]
[--os-username <auth-username>]
[--os-password <auth-password>]
[--os-project-domain-id <auth-project-domain-id>]
[--os-project-name <auth-project-name>]
[--os-auth-url <auth-auth-url>]
[--os-user-domain-name <auth-user-domain-name>]
[--os-project-domain-name <auth-project-domain-name>]
```

上述参数项使用起来很麻烦，更好的办法是定义环境变量，openstack 命令需要认证时会从环境变量中获取有关的值，常用的环境变量如下：

```
export OS_USERNAME=admin
export OS_PASSWORD=000000
export OS_PROJECT_NAME=admin
export OS_USER_DOMAIN_NAME=Default
export OS_PROJECT_DOMAIN_NAME=Default
export OS_AUTH_URL=http://controller:5000/v3
export OS_IDENTITY_API_VERSION=3
```

3．使用帮助

openstack 命令的帮助功能非常强大，如需获得 openstack 命令的帮助，可以使用如下代码：

```
# openstack help
```

或

```
# openstack -h
```

获得 openstack 子命令的帮助，代码如下：

```
# openstack help <子命令>
```

或

```
# openstack <子命令> -h
```

4．常用子命令

openstack 命令的对象管理功能包括创建、查询、删除等。其中，查询和删除命令的格式有很多相似之处。

删除对象，代码如下：

```
# openstack <object> delete <objectname>
```

列出对象，代码如下：

```
# openstack <object> list
```

查询对象的详细信息，代码如下：

```
# openstack <object> show <objectname>
```

例如，删除用户，代码如下：

```
# openstack user delete <username>
```

例如，列出用户，代码如下：

```
# openstack user list
```

例如，查询用户，代码如下：

```
# openstack user show <username>
```

5．子命令常用参数项

openstack 命令的子命令也有很多相似之处，下面列出部分常用的子命令的参数项。

- [--enable |--disable]：指定是否可用。
- [--domain <domain>]：指定所属的域。
- [--description <description>]：指定描述信息。
- [--project <project>]：指定所属的项目。
- [--password <password>]：指定密码。

使用[]括起来的参数项是可选项，使用"|"分隔的两个参数项需要二选一。

3.4.2 管理域、用户、角色和 Endpoint

1．管理域

（1）创建域，代码如下：

```
#domain create
  --description <description>
  [--enable |--disable]
  <domain-name>
```

（2）设置域的属性，代码如下：

```
# openstack domain set [-h]
  [--name <name>]
  [--description <description>]
```

```
[--enable | --disable]
<domain>
```
可以设置域的名称、描述信息、可用状态。

2．管理项目

创建项目，代码如下：
```
# openstack project create
    [--domain <domain>]
    [--description <description>]
    [--enable | --disable]
    <project-name>
```

3．管理用户

（1）创建用户，代码如下：
```
# openstack user create
    [--domain <domain>]
    [--project <project>]
    [--password <password>]
    [--password-prompt]
    [--description <description>]
    [--enable | --disable]
    <name>
```
说明：[--password-prompt]用于在创建过程中提示输入密码。

（2）设置用户密码。

设置属于自己的密码，代码如下：
```
# openstack user password set
    [--password <new-password>]
    [--original-password <original-password>]
```
管理员可以设置任意用户的密码，代码如下：
```
# openstack user set --password <password> <user>
```

4．管理角色

（1）绑定用户（组）、角色和项目。

OpenStack 采用"三绑定"方式，即用户（组）、角色和项目绑定。

绑定用户（组）、角色和项目的代码如下：
```
# openstack role add
    [--project <project>]
    [--user <user> | --group <group>]
    <role>
```
说明：
- [--project <project>]：指定项目。
- [--user <user> | --group <group>]：指定用户或组。

（2）查询用户（组）、角色和项目绑定信息，代码如下：
```
# openstack role assignment list
```

5．管理 Endpoint

（1）创建 Endpoint，代码如下：
```
# openstack endpoint create
    [--region <region-id>]
    [--enable | --disable]
    <service> <interface> <url>
```

说明：

- [--region <region-id>]：指定区域。
- <service>：指定服务名称或 ID。
- <interface>：可选接口类型包括 admin、public、internal。admin 提供管理使用的 URL，public 提供外网访问的 URL，internal 提供内网访问的 URL。
- <url>：指定 URL。

（2）列出服务的 Endpoint，代码如下：

```
# openstack catalog list
```

6．操作实例

（1）创建域，代码如下：

```
# openstack domain create dm-1
+-------------+----------------------------------+
| Field       | Value                            |
+-------------+----------------------------------+
| description |                                  |
| enabled     | True                             |
| id          | 839aea59916a40888b30d8da2c0a2d80 |
| name        | dm-1                             |
| tags        | []                               |
+-------------+----------------------------------+
```

（2）创建项目，代码如下：

```
# openstack project create --domain dm-1 project-1
+-------------+----------------------------------+
| Field       | Value                            |
+-------------+----------------------------------+
| description |                                  |
| domain_id   | 839aea59916a40888b30d8da2c0a2d80 |
| enabled     | True                             |
| id          | 3de3def9411e402eafe48506f67bfeac |
| is_domain   | False                            |
| name        | project-1                        |
| parent_id   | 839aea59916a40888b30d8da2c0a2d80 |
| tags        | []                               |
+-------------+----------------------------------+
```

（3）创建用户，代码如下：

```
# openstack user create --password 123456 user-1
+---------------------+----------------------------------+
| Field               | Value                            |
+---------------------+----------------------------------+
| domain_id           | default                          |
| enabled             | True                             |
| id                  | ccb4f51d79d44d63b2dd79f483020bd2 |
| name                | user-1                           |
| options             | {}                               |
| password_expires_at | None                             |
+---------------------+----------------------------------+
```

（4）创建角色，代码如下：

```
# openstack role create role-1
+-------------+----------------------------------+
| Field       | Value                            |
+-------------+----------------------------------+
```

```
| domain_id | None                               |
| id        | e3655ad296cd4effbbbd34df409dba5f   |
| name      | role-1                             |
+-----------+------------------------------------+
```

（5）绑定用户、角色和项目，代码如下：

 # openstack role add --project project-1 --user user-1 role-1

3.4.3　镜像管理

1．管理镜像

（1）创建镜像，代码如下：

 # openstack image create
   [--container-format <container-format>]
   [--disk-format <disk-format>]
   [--file <file> | --volume <volume>]
   [--protected | --unprotected]
   [--public | --private]
   <image-name>

说明：

- [--container-format <container-format>]：指定容器格式，支持 ami、ari、aki、bare、docker、ova、ovf 等格式，默认为 bare 格式。
- [--disk-format <disk-format>]：指定磁盘格式，支持 ami、ari、aki、vhd、vmdk、raw、qcow2、vhdx、vdi、iso、ploop 等格式，默认为 raw 格式。
- [--file <file> | --volume <volume>]：指定镜像文件或卷。
- [--protected | --unprotected]：指定是否受保护，受保护的镜像不能被删除。
- [--public | --private]：指定公有或私有，只有本项目才可以使用私有镜像。

（2）设置镜像属性，代码如下：

 # openstack image set --property <key=value> <image>

属性是键值对形式。

2．操作实例

创建镜像，代码如下：

 # openstack image create –file /mnt/openstack/images/cirros-0.3.3-x86_64-disk.img –disk-format qcow2 –container-format bare –public cirros-image

设置磁盘接口 IDE 网卡 e1000，代码如下：

 # openstack image set --property hw_disk_bus=ide --property hw_vif_model=e1000 cirros-image

查询镜像信息，代码如下：

 # openstack image show cirros-image

……

| properties　　　　　　| **hw_disk_bus='ide', hw_vif_model='e1000'**, os_hash_algo='sha512', os_hash_value= 'de03808df510fa561089389408572fdbf10cc79c5b2da172d975d50a5334d85d0fd0fdf0e46c8075ee246269331829db1 6fa09240a007b52ad33518548680ddb', os_hidden='False' |

……

3.4.4　网络管理

1．网络和子网

（1）创建网络，代码如下：

 # openstack network create

```
    [--share | --no-share]
    [--enable | --disable]
    [--project <project>]
    [--description <description>]
    [--mtu <mtu>]
    [--project-domain <project-domain>]
    [--external | --internal]
    [--provider-network-type <provider-network-type>]
    [--provider-physical-network <provider-physical-network>]
    <name>
```

说明：

- [--external | --internal]：指定创建的网络为外网或内网。
- [--availability-zone-hint <availability-zone>]：指定可见域，创建内网时要指定可见域，一般为 nova。
- [--provider-network-type <provider-network-type>]：指定物理网络类型，可选的类型有 flat、geneve、gre、local、vlan、vxlan。
- [--provider-physical-network <provider-physical-network>]：指定物理网络的逻辑名称。

（2）创建子网，代码如下：

```
# openstack subnet create
    [--project <project>]
    [--project-domain <project-domain>]
    [--dhcp | --no-dhcp]
    [--gateway <gateway>]
    [--ip-version {4,6}]
    --subnet-range <subnet-range>
    --network <network>
    [--allocation-pool start=<ip-address>,end=<ip-address>]
    <name>
```

说明：

- [--dhcp | --no-dhcp]：指定是否有 DHCP 服务。
- [--gateway <gateway>]：指定网关地址。
- [--ip-version {4,6}]：指定是 IPv4 或 IPv6。
- --subnet-range <subnet-range>：指定网段，使用 CIDR 形式。
- --network <network>：指定网络名称。
- [--allocation-pool start=<ip-address>,end=<ip-address>]：指定地址范围。

2．路由器

（1）创建路由器，代码如下：

```
# openstack router create
    [--project <project>]
    [--project-domain <project-domain>]
    [--availability-zone-hint <availability-zone>]
    <name>
```

说明：[--availability-zone-hint <availability-zone>]用于设置可见域。

（2）设置外网网关，代码如下：

```
# openstack router set
    [--external-gateway <network>]
    [--enable-snat | --disable-snat]
    <router>
```

说明：

- [--external-gateway <network>]：指定外网。
- [--enable-snat | --disable-snat]：指定是否启用 SNAT。

（3）连接内网，代码如下：

```
# openstack router add subnet   <router> <subnet>
```

3．安全组与规则

（1）创建安全组，代码如下：

```
# openstack security group create
  [--project <project>]
  [--project-domain <project-domain>]
  <name>
```

（2）创建和删除安全组规则。

1）创建安全组规则，代码如下：

```
# openstack security group rule create
  [--remote-ip <ip-address>]
  [--dst-port <port-range>]
  [--icmp-type <icmp-type>]
  [--icmp-code <icmp-code>]
  [--protocol <protocol>]
  [--ingress | --egress]
  [--ethertype <ethertype>]
  [--project <project>]
  [--project-domain <project-domain>]
  <group>
```

说明：

- [--remote-ip <ip-address>]：指定对方 IP 地址，可以是 IP 地址或 CIDR。
- [--dst-port <port-range>]：指定端口范围，如 10:50。
- [--icmp-type <icmp-type>]：指定 icmp 类型范围，如果不写该项，则表示指定全部类型。
- [--icmp-code <icmp-code>]：指定 icmp 代码范围，如果不写该项，则表示指定全部代码。
- [--protocol <protocol>]：指定协议，协议包括 icmp、udp、tcp。
- [--ingress | --egress]：指定方向，方向为入口或出口。
- [--ethertype <ethertype>]：指定类型，类型包括 IPv4 或 IPv6。
- [--project <project>]：指定项目。
- [--project-domain <project-domain>]：指定域。

2）列出安全组规则，代码如下：

```
# openstack security group rule list <group>
```

3）删除安全组规则，代码如下：

```
# openstack security group rule delete   <rule>
```

4．操作实例

（1）创建外网，代码如下：

```
#  openstack  network  create  --project  admin  --provider-physical-network  provider
--provider-network-type flat --external ext-net
+--------------------------------+---------------------------------------------------------+
| Field                          | Value                                                   |
+--------------------------------+---------------------------------------------------------+
| admin_state_up                 | UP                                                      |
| availability_zone_hints        |                                                         |
```

```
| availability_zones           |                       |                    |
| created_at                   | 2021-07-16T09:46:12Z  |                    |
......
```

（2）创建内网，代码如下：

```
# openstack network create --project admin   --provider-network-type vxlan --internal int-net
+--------------------------------+------------------------------------+------+
| Field                          | Value                              |      |
+--------------------------------+------------------------------------+------+
| admin_state_up                 | UP                                 |      |
| availability_zone_hints        |                                    |      |
| availability_zones             |                                    |      |
| created_at                     | 2021-07-16T09:49:40Z               |      |
......
```

（3）创建外网子网，代码如下：

```
# openstack subnet create --project admin --dhcp --gateway 192.168.30.1 --subnet-range 192.168.30.0/24
--network ext-net --allocation-pool start=192.168.30.100,end=192.168.30.200 ext-subnet
+----------------------+-------------------------------+----+
| Field                | Value                         |    |
+----------------------+-------------------------------+----+
| allocation_pools     | 192.168.30.100-192.168.30.200 |    |
| cidr                 | 192.168.30.0/24               |    |
| created_at           | 2021-07-16T09:53:44Z          |    |
......
```

（4）创建内网子网，代码如下：

```
# openstack subnet create --project admin --dhcp --gateway 10.1.1.1 --subnet-range 10.1.1.0/24
--network int-net   int-subnet
+----------------------+----------------------------+----+
| Field                | Value                      |    |
+----------------------+----------------------------+----+
| allocation_pools     | 10.1.1.2-10.1.1.254        |    |
| cidr                 | 10.1.1.0/24                |    |
| created_at           | 2021-07-16T09:55:13Z       |    |
......
```

（5）创建路由器，代码如下：

```
# openstack router create --project admin router1
+--------------------------+------------------------------+----+
| Field                    | Value                        |    |
+--------------------------+------------------------------+----+
| admin_state_up           | UP                           |    |
| availability_zone_hints  |                              |    |
| availability_zones       |                              |    |
| created_at               | 2021-07-16T09:57:18Z         |    |
......
```

（6）设置外网网关，代码如下：

```
# openstack router set --external-gateway ext-net --enable-snat router1
```

（7）连接内网，代码如下：

```
# openstack router add subnet router1 int-subnet
```

（8）创建安全组，代码如下：

```
# openstack security group create --project admin sg-1
+------------------+-----------------------+-----------------------------------------+
| Field            | Value                 |                                         |
+------------------+-----------------------+-----------------------------------------+
| created_at       | 2021-07-16T10:03:59Z  |                                         |
```

| description　　| sg-1
……

（9）创建安全组规则，代码如下：

```
# openstack security group rule create --remote-ip 0.0.0.0/0 --ethertype IPv4 --protocol icmp　 --ingress sg-1
# openstack security group rule create --remote-ip 0.0.0.0/0 --ethertype IPv4 --protocol icmp　 --egress sg-1
# openstack security group rule create --remote-ip 0.0.0.0/0 --ethertype IPv4 --protocol tcp　 --dst-port 1:65535 --ingress sg-1
# openstack security group rule create --remote-ip 0.0.0.0/0 --ethertype IPv4 --protocol tcp　 --dst-port 1:65535 --egress sg-1
# openstack security group rule create --remote-ip 0.0.0.0/0 --ethertype IPv4 --protocol udp　 --dst-port 1:65535 --ingress sg-1
# openstack security group rule create --remote-ip 0.0.0.0/0 --ethertype IPv4 --protocol udp　 --dst-port 1:65535 --egress sg-1
```

5．删除网络

由于实例、网络、子网、路由器、端口和浮动 IP 地址有关系，所以删除网络时要按照以下步骤进行。

（1）删除实例和浮动 IP 地址的绑定，代码如下：
```
# openstack server removefloating ip <server> <ip-address>
```
（2）删除浮动 IP 地址，代码如下：
```
# openstack floating ip list
# openstack floating ip delete <ip-address>
```
（3）删除实例，代码如下：
```
# openstack server delete <server>
```
（4）删除与路由器相连的外网网关，代码如下：
```
# openstack router unset --external-gateway <router>
```
（5）删除与路由器相连的内网子网，代码如下：
```
# openstack router remove subnet <router> <subnet>
```
（6）删除路由器，代码如下：
```
# openstack router delete <router>
```
（7）删除端口，代码如下：
```
# openstack port list
# openstack port delete <port>
```
（8）删除子网，代码如下：
```
# openstack subnet delete <subnet>
```
（9）删除网络，代码如下：
```
# openstack network delete <network>
```

3.4.5　实例管理

1．实例类型

（1）创建实例类型，代码如下：
```
# openstack flavor create
    [--id <id>]
    [--ram <size-mb>]
    [--disk <size-gb>]
    [--ephemeral <size-gb>]
    [--swap <size-mb>]
    [--vcpus <vcpus>]
    [--project-domain <project-domain>]
```

```
<flavor-name>
```

说明：

- [--id <id>]：指定 id。
- [--ram <size-mb>]：指定内存容量，在代码中的单位为 mb。
- [--disk <size-gb>]：指定磁盘容量，在代码中的单位为 gb。
- [--ephemeral <size-gb>]：指定临时的磁盘容量，在代码中的单位为 gb。
- [--swap <size-mb>]：指定交换分区的容量，在代码中的单位为 mb。
- [--vcpus <vcpus>]：指定 CPU 的数量。

（2）改变实例类型，代码如下：

```
# openstack server resize [--flavor <flavor>] <server>
```

说明：--flavor <flavor>用于指定新的实例类型。

2. 实例管理

（1）创建实例，代码如下：

```
# openstack server create
    --image <image>
    --flavor <flavor>
    [--security-group <security-group>]
    [--availability-zone <zone-name>]
    [--network <network>]
    <server-name>
```

说明：

- --image <image>：指定镜像。
- --flavor <flavor>：指定实例类型。
- [--security-group <security-group>]：指定安全组。
- [--availability-zone <zone-name>]：指定可见域。
- [--network <network>]：指定网络。

（2）为实例增加或删除网络、接口、安全组和安全卷。

1）增加或删除网络，代码如下：

```
# openstack server add network <server> <network>
# openstack server remove network <server> <network>
```

2）增加或删除接口，代码如下：

```
# openstack server add port <server> <port>
# openstack server remove port    <server> <port>r
```

3）增加或删除安全组，代码如下：

```
# openstack server add security group <server> <sg>
# openstack server remove security group    <server> <sg>
```

4）增加或删除卷，代码如下：

```
# openstack server add volume <server> <volume>
# openstack server remove volume    <server> <volume>
```

（3）实例的启动、停止和重启，代码如下：

```
# openstack server start <server>
# openstack server stop <server>
# openstack server reboot <server>
```

3. 管理浮动 IP 地址

（1）创建浮动 IP 地址，代码如下：

```
# openstack floating ip create
```

```
    [--floating-ip-address <ip-address>]
    [--project <project>]
    [--project-domain <project-domain>]
    <network>
```

（2）绑定浮动 IP 地址，代码如下：

 # openstack server add floating ip <server> <ip-address>

（3）移除浮动 IP 地址，代码如下：

 # openstack server remove floating ip <server> <ip-address>

4．操作实例

创建实例，代码如下：

 # openstack server create　--image cirros --flavor f1 --security-group sg-1 --availability-zone nova --network int-net vm1

```
+--------------------------------+-------------------------+
| Field                          | Value                   |
+--------------------------------+-------------------------+
| OS-DCF:diskConfig              | MANUAL                  |
| OS-EXT-AZ:availability_zone    | nova                    |
| OS-EXT-SRV-ATTR:host           | None                    |
```

生成浮动 IP 地址，代码如下：

 # openstack floating ip create ext-net

```
+------------------------+------------------------------------+
| Field                  | Value                              |
+------------------------+------------------------------------+
| created_at             | 2021-07-16T10:22:34Z               |
| description            |                                    |
| dns_domain             | None                               |
| dns_name               | None                               |
```

绑定浮动 IP 地址，代码如下：

 # openstack server add floating ip vm1 192.168.30.104
 # ping　192.168.30.104
```
PING 192.168.30.104 (192.168.30.104) 56(84) bytes of data.
64 bytes from 192.168.30.104: icmp_seq=1 ttl=128 time=4.48 ms
64 bytes from 192.168.30.104: icmp_seq=2 ttl=128 time=5.02 ms
64 bytes from 192.168.30.104: icmp_seq=3 ttl=128 time=3.77 ms
```

创建实例类型，代码如下：

 # openstack flavor create --id 2 --ram 1024 --disk 1 --vcpus 1 f2

```
+----------------------------------+-------+
| Field                            | Value |
+----------------------------------+-------+
| OS-FLV-DISABLED:disabled         | False |
| OS-FLV-EXT-DATA:ephemeral        | 0     |
| disk                             | 1     |
| id                               | 2     |
| name                             | f2    |
| os-flavor-access:is_public       | True  |
| properties                       |       |
| ram                              | 1024  |
| rxtx_factor                      | 1.0   |
| swap                             |       |
| vcpus                            | 1     |
```

改变实例类型，代码如下：

```
# openstack server stop vm1
# openstack server resize --flavor f2 vm1
```

3.4.6 存储管理

1. 块存储

（1）创建卷，代码如下：

```
# openstack volume create --size <n> <name>
```

说明：--size <n>用于指定卷的大小，在代码中的单位为gb。

（2）为实例增加卷，代码如下：

```
# openstack server add volume <server> <volume>
```

2. 对象存储

（1）查询 Swift 状态，代码如下：

```
# swift stat
```

（2）创建容器，代码如下：

```
# openstack container create <container>
```

（3）上传文件，代码如下：

```
# swift upload <container> <file>
```

或

```
# openstack object create <container> <file>
```

使用 swift 命令上传文件时，如果容器不存在，则会创建容器。

（4）删除文件，代码如下：

```
# swift delete <container> <file>
```

或

```
# openstack object delete <container> <file>
```

（5）下载文件，代码如下：

```
# swift download <container> <file>
```

或

```
# openstack object save <container> <file>
```

（6）列出文件，代码如下：

```
# swift list [<container>]
```

或

```
# openstack object list [<container>]
```

3. 操作实例

创建卷，代码如下：

```
# openstack volume create –size 1 vol-1
```

为实例 vm1 增加卷，代码如下：

```
# openstack server add volume vm1 vol-1
```

上传文件，代码如下：

```
# swift upload c1 anaconda-ks.cfg
anaconda-ks.cfg
```

列出文件，代码如下：

```
# swift list
c1
```

container1
 # swift list c1
anaconda-ks.cfg

下载文件，代码如下：

 # swift download c1 anaconda-ks.cfg
anaconda-ks.cfg [auth 0.784s, headers 1.020s, total 1.020s, 0.005 MB/s]

微课视频

## 第 4 章

Docker 技术

⟫ 4.1　Docker 概述

4.1.1　容器与 Docker

1. 容器是什么？

（1）名字空间。

虚拟机是基于模拟环境运行的完整的操作系统。

容器使用了一种更巧妙的技术——名字空间。通过使用名字空间的隔离技术，将一个或一组进程封闭在一个空间内，像虚拟机的内部一样。所以容器又被称为轻量级的虚拟机。Linux 内核共实现了 6 种名字空间，分别如下。

- IPC：隔离 system V IPC 和 POSIX 消息队列，只有属于同一个 IPC 名字空间的进程才可以像属于同一主机的进程一样，使用进程间的通信方式进行通信；属于不同 IPC 名字空间的进程就像分属两台主机的进程一样，只能通过网络实现通信。
- network：网络名字空间，隔离网络资源。同一网络空间的进程共享网络设备、IP 地址、防火墙规则和路由表。
- mount：实现文件系统隔离，一个 mount 名字空间的进程只能访问本 mount 空间的文件系统，不能访问其他 mount 名字空间的文件系统和宿主机的文件系统。一个 mount 名字空间虽然只是宿主机上的一个目录，但在空间内的进程看来，却是一个完整的文件系统。
- PID：隔离进程 ID，不同 PID 名字空间的进程的编号互相独立，也就是说，不同 PID 名字空间的进程可以有相同的 PID。
- UTS：隔离主机名和域名。
- user：隔离用户 ID 和组 ID，不同 user 名字空间的用户 ID 和组 ID 互不干扰。

Linux 系统的每个进程都有名字空间，查看进程的名字空间，代码如下：

```
#ls -l /proc/<pid>/ns
```

PID 是进程的 ID。

（2）资源控制组。

容器还使用了资源控制组（cgroup），资源控制组是一种控制进程资源使用量的技术。资源控制组技术可以实现资源控制、优先级分配、资源统计、任务控制等功能。通过使用资源控制组可以控制容器内进程使用的资源总量。

资源控制组以文件系统的形式呈现，/sys/fs/cgroup 是资源控制组的根目录。

/sys/fs/cgroup 下的每个子目录就是资源控制组的一个子系统，查看子目录的代码如下：

```
#ls /sys/fs/cgroup
blkio  cpu  cpuacct  cpu,cpuacct  cpuset  devices  freezer  hugetlb  memory  net_cls  net_cls,
net_prio  net_prio  perf_event  pids  system
```

从这些子目录中可以看出，资源控制组可以控制哪些资源。

每个子系统下又有多个子目录，子目录中还可以有二级子目录。

每个子目录可以看作一种策略。子目录中的文件记录了对资源使用量的限制。如果要对某个进程进行限制，那么将进程的 PID 放到子目录中的 tasks 文件中即可。

（3）网络名字空间。

详细内容见 1.1.3 节"网络名字空间"部分。

2．什么是 Docker？

Docker 是一种容器技术，但容器技术不只有 Docker 一种。

Docker 属于开源技术，可以在 Linux、macOS、Windows 等平台中运行。

3．Docker 镜像与容器

（1）Docker 镜像。Docker 镜像与虚拟机镜像类似，是面向 Docker 的只读模板，包含了一个文件系统和一组元数据信息。

Docker 镜像的文件系统采用层次式存储技术，可以一层一层地增加新文件。这种文件系统，只要在原有镜像的基础上增加一个文件层，就可以形成一个新的镜像。

（2）Docker 容器。容器是以镜像为模板创建的实例，容器可以启动、停止、删除。如果容器内的应用进程停止了，那么容器本身也就没用了。容器之间是相互隔离、互不可见的。

（3）Docker 镜像仓库。Docker 镜像仓库用于存放镜像。

4.1.2　安装 Docker

本实例的硬件环境要求如下。

主机：VMWare 虚拟机一台。

内存：8GB。

CPU：双核。

操作系统：64 位的 CentOS 7。

网络：一个网卡，NAT 模式，IP 地址为 192.158.9.10。

1．环境准备

（1）配置主机名，代码如下：

```
# hostnamectl set-hostname docker
```

（2）修改/etc/hosts 文件，配置主机名映射，代码如下：

```
192.168.9.10 docker
```

（3）网卡配置。配置 IP 地址、子网掩码、网关和 DNS，代码如下：

```
# vi /etc/sysconfig/network-scripts/ifcfg-ens33
TYPE="Ethernet"
BOOTPROTO=static
NAME="ens33"
DEVICE="ens33"
ONBOOT="yes"
IPADDR=192.168.9.10
NETMASK=255.255.255.0
GATEWAY=192.168.9.2
DNS1=192.168.9.2
```

（4）关闭 SELinux 和防火墙。

1）关闭 SELinux，代码如下：

```
# setenforce 0
```
修改/etc/selinux/config 文件，将"SELINUX=enforcing"修改为"SELINUX=disabled"。

2）关闭防火墙，代码如下：
```
# systemctl disable firewalld
# systemctl stop firewalld
```
（5）加载 br_netfilter 模块，代码如下：
```
# modprobe br_netfilter
```
（6）修改内核参数，编辑/etc/sysctl.conf 文件，在文件末尾添加如下代码：
```
net.ipv4.ip_forward = 1
net.bridge.bridge-nf-call-iptables = 1
net.bridge.bridge-nf-call-ip6tables = 1
```
说明：

- net.ipv4.ip_forward 用于控制 Linux 内核是否转发 IP 数据包。通俗地说，当有多个网卡时，该参数项可以决定是否将一个网卡收到的包转发给其他网卡。
- net.bridge.bridge-nf-call-iptables 和 net.bridge.bridge-nf-call-ip6tables 用于控制是否将内核网桥的包转发给 iptables 进行处理。

文件修改后，执行如下代码，使用内核参数生效：
```
# sysctl -p
```

2．安装软件

（1）配置 yum 源。安装 Docker 需要三个源：centos-base 提供的 CentOS 基础包，centos-extras 提供的 CentOS 附加包，docker 提供的 Docker 相关包。

配置 yum 源的代码如下：
```
[centos-base]
name=centos-base
baseurl=https://mirrors.163.com/centos***/$releasever/os/$basearch/
gpgcheck=0
enabled=1

[centos-extras]
name=centos-extras
baseurl=https://mirrors.163.com/centos***/$releasever/extras/$basearch/
gpgcheck=0
enabled=1

[docker]
name=docker
baseurl=http://mirrors.163.com/docker-ce/linux/centos***/7Server/x86_64/stable/
gpgcheck=0
enabled=1
```
（2）安装 Docker-CE，Docker-CE 是 Docker 的社区版本。代码如下：
```
# yum install -y yum-utils device-mapper-persistent-data lvm2
# yum install -y docker-ce
```
（3）启动 Docker 服务，代码如下：
```
# systemctl start docker
# systemctl enable docker
```

3．配置加速器

当启动一个容器时，需要有相应的镜像，系统默认从 Docker 的官方镜像仓库 Docker Hub 获取镜像，但 Docker Hub 下载服务的速度比较慢，这里建议配置国内的镜像仓库，如阿里云仓库。

（1）注册用户。访问阿里云注册页面，如图 4-1 所示。

图 4-1　阿里云注册界面。

（2）完成注册后，登录阿里云，复制加速器地址，如图 4-2 所示。

图 4-2　复制加速器地址

（3）修改 dockerd 配置。修改 dockerd 的配置文件/etc/docker/daemon.json，代码如下：

```
#vi /etc/docker/daemon.json
{
    "insecure-registries" : ["0.0.0.0/0"],
    "registry-mirrors": ["https://***.mirror.aliyuncs.com"],
    "exec-opts": ["native.cgroupdriver=systemd"]
}
```

说明：

- "insecure-registries" : ["0.0.0.0/0"]表示所有的镜像仓库都使用 http 进行访问,而不使用 https

进行访问。

- "registry-mirrors": ["https:// ***.mirror.aliyuncs.com"]用于指定镜像仓库地址，用户可以配置多个镜像仓库。
- "exec-opts": ["native.cgroupdriver=systemd"]用于指定 cgroup 的驱动方式，可以是 systemd，也可以是 cgroupfs。如果想安装 Kuberbetes，则必须使用 systemd。
- 配置文件是 json 格式的。

（4）重启服务，代码如下：

```
# systemctl daemon-reload
# systemctl restart docker
```

（5）查看 Docker 信息，代码如下：

```
#docker info
```

4．安装 Docker-Compose

Docker-Compose 是一种 Docker 容器的编排技术，其应用范围并不广泛，现在通常使用 Kubernetes 替代 Docker-Compose，详细内容见第 5 章。

（1）下载 Docker-Compose，代码如下：

```
# sudo curl -L \
    "https://github.com/docker***/compose/releases/download***/1.29.2/docker-compose-$(uname
-s)-$(uname -m)" -o /usr/local/bin/docker-compose
```

（2）修改权限，代码如下：

```
# chmod +x /usr/local/bin/docker-compose
```

（3）验证，代码如下：

```
# docker-compose --version
```

4.2　镜像操作

1．镜像

镜像是容器的模板。

运行容器时，先在本地查找相应的镜像，如果找不到镜像，就到远程镜像仓库中查找，找到镜像后将其拉取到本地。

远程镜像仓库是默认的 Docker 官方维护的公共仓库，我们可以在 Docker 的配置文件中添加其他镜像仓库（包括私有仓库）。

如图 4-3 所示，展示了容器、镜像和镜像仓库的关系。

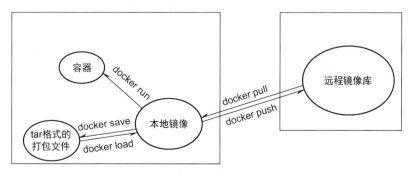

图 4-3　容器、镜像和镜像仓库的关系

说明：

- docker pull 命令用于将远程镜像仓库的镜像拉取到本地，docker push 命令用于将本地镜像上传到远程镜像仓库。
- docker run 命令能够以镜像为模板运行一个容器。
- docker save 命令用于将镜像保存为一个 tar 文件，docker load 命令用于将 tar 文件载入为一个镜像。

2. 镜像管理

（1）查询本地镜像。查询本地镜像使用 docker images 命令，代码如下：

```
#docker images
```

执行命令后，可以列出镜像的 REPOSITORY、TAG、IMAGE_ID、CREATED、SIZE 等信息。

说明：

- REPOSITORY：镜像仓库，包括镜像仓库服务器 registry，仓库名 repository 和镜像名 imageName。
- TAG：标签。
- IMAGE_ID：镜像 ID。镜像 ID 是镜像的唯一标识，镜像 ID 相同的镜像就是同一个镜像。在一些命令中使用 IMAGE_ID 时，无须使用完整的 IMAGE_ID，仅输入 IMAGE_ID 中前几个字符，就能自动识别镜像 ID。
- CREATED：创建日期。
- SIZE：大小。

（2）镜像的载入与存出。

镜像载入指从将 tar 文件加载到本地镜像。代码如下：

```
# docker load -i <filename of tar>
```

镜像存出指将本地镜像保存为 tar 文件。代码如下：

```
# docker save <name:tag or id of image> -o <filename of tar>
```

（3）tag 命令。镜像的唯一标识虽然是镜像 ID，但一个镜像可以有多个别名。tag 命令的作用为给镜像取别名。

镜像的完整名称格式如下：

```
<registry>/<repository>/<imageName>:<tag>
```

说明：

- <registryName>/< repository >：镜像的仓库名，该参数项是可选项。一个镜像仓库名由两部分组成，即 registry 和 repository，registry 可以理解为服务器名称，可以是 IP 地址或域名；repository 是服务中的一个仓库。
- <imageName>：镜像的名称。
- <tag>：镜像的 tag，可以理解为版本。

为镜像执行 tag 命令，代码如下：

```
# docker tag <imageID or ImageName:tag> \
   [<registry>/<reposity>/]<imageName>:<tag>
```

（4）拉取和上传镜像。

1）拉取镜像，代码如下：

```
# docker pull [registry/][repository/]imageName[:tag]
```

说明：

- 省略[registry/][repository/]时，默认先使用 Docker 配置文件 deamon.json 中指定的库，然后使用 Docker 官方仓库。

- [tag]也是可以省略的，省略该参数项后，版本默认为 latest。

2）上传镜像，代码如下：

 # docker push registry/repository/imageName:tag

上传镜像时，应使用完整的镜像名称，命令会根据 registry/repository 将镜像上传到指定的 registry 和 repository 中。

（5）查询镜像详细信息。docker inspect 命令用于输出 json 格式的镜像信息，代码如下：

 # docker inspect <imageName or imageID>

-f 参数项可以显示指定的片段，下面举例说明，代码如下：

 # docker inspect -f {{.Id}} cf49811e3cdb

关于-f 参数项的说明：

- 采用 XPath 格式表示。
- 使用{{}}封闭。
- 使用"."作为开头字符和分隔符，如{{.Status.IP}}。
- 区分英文大小写。

（6）删除镜像。docker rmi 命令用于删除本地镜像，代码如下：

#docker rmi <imageFullName or imageID>

当一个镜像有多个别名（不同的 tag）时，只有当最后一个别名被删除时，才会将镜像从磁盘中彻底删除。

4.3　搭建私有镜像仓库

从远程镜像仓库拉取镜像，速度慢、效率低、浪费时间。我们可以采用其他方法加以解决，如搭建私有镜像仓库。

本节介绍两种搭建私有镜像仓库的方法：使用 registry 镜像搭建私有镜像仓库和使用 Harbor 搭建企业级私有镜像仓库。

4.3.1　registry 镜像

使用 registry 镜像是搭建私有镜像仓库最简单的方法，registry 镜像使用了 5000 端口。

（1）拉取 registry 镜像，代码如下：

 # docker pull registry

（2）创建一个目录，代码如下：

 # mkdir /registry

（3）运行 registry 容器，代码如下：

**# docker run -d -v /registry:/var/lib/registry -p 5000:5000 --restart=always **
**　--name registry registry:latest**

（4）测试 registry 私有镜像仓库。

1）为一个镜像添加 tag，代码如下：

 # docker tag 44241dbd4 192.168.9.10:5000/mysql:5.6

说明：44241dbd4 是镜像 mysql:5.6 的 ID，要根据实际查询结果进行替换。

2）上传镜像，代码如下：

 # docker push 192.168.9.10:5000/mysql:5.6

3）查看目录中的内容，代码如下：

 # ls /registry/docker/registry/v2/

4.3.2 Harbor

Harbor 是一个企业级的镜像仓库。使用 Harbor 搭建企业级私有镜像仓库需要借助一系列容器才能实现，此外，运行 Harbor 还需要 Docker-Compose。

1．安装 Docker-Compose

（1）下载 Docker-Compose，代码如下：

```
# sudo curl -L \
    "https://github.com/docker/compose/releases/download***/1.29.2/docker-compose-$(uname
-s)-$(uname -m)" -o /usr/local/bin/docker-compose
```

（2）修改权限，代码如下：

```
# chmod +x /usr/local/bin/docker-compose
```

（3）验证是否安装成功，代码如下：

```
# docker-compose --version
```

2．安装 Harbor

（1）安装 Harbor 的先决条件。

1）硬件要求。安装 Harbor 的硬件要求如表 4-1 所示。

表 4-1　安装 Harbor 的硬件要求

资　源	最　　小	推　荐
CPU	双核处理器	四核处理器
内存	4GB	8GB
磁盘	40GB	160GB

2）软件要求。安装 Harbor 的软件要求如表 4-2 所示。

表 4-2　安装 Harbor 的软件要求

软　　件	版　　本
Docker engine	版本 17.06.0-ce 或以上
Docker-Compose	版本 1.18.0 或以上
Openssl	

3）网络要求。安装 Harbor 的网络要求如表 4-3 所示。

表 4-3　安装 Harbor 的网络要求

端　　口	协　　议	描　　述
443	HTTPS	通过 HTTPS 请求 Harbor 和核心 API 的端口，可以通过配置文件修改该端口
4443	HTTPS	当使用了 Notary 时，需要该端口，可以通过配置文件修改该端口
80	HTTP	通过 HTTP 请求 Harbor 和核心 API 的端口，可以通过配置文件修改该端口

（2）安装 Harbor。

1）访问 GitHub 官网，下载 Harbor。

2）下载后解压文件，代码如下：

```
# tar xzvf harbor-offline-installer-version.tgz
```

3）修改配置文件 harbor.yml。

配置文件中有两个参数项需要修改，一项是 hostname，修改为主机的 IP 地址；另一项是 harbor_admin_password（管理员的密码）。修改代码如下：

```
hostname: 192.168.9.10
harbor_admin_password: Harbor12345
```

如果不使用 https 协议，则把下面一段代码注释掉：

```
# https related config
#https:
    # https port for harbor, default is 443
#   port: 443
    # The path of cert and key files for nginx
#   certificate: /your/certificate/path
#   private_key: /your/private/key/path
```

4）首次启动 Harbor，代码如下：

 # cd \<harbor 所在目录\>

 # ./prepare

 # ./install.sh --with-clair

Harbor 也是基于容器的应用，首次启动 Harbor 需要下载镜像。如果预先下载好 Harbor 所需的镜像，那么首次启动 Harbor 会比较便捷、顺利。

clair 是一种检查镜像完整性的服务。镜像完整性检查服务可以是 clair、notary、trivy 中的任意一种、两种或三种，也可以没有镜像完整性检查服务。

5）设置开机时启动 Harbor。

在文件/etc/rc.d/local.rc 中添加如下代码：

docker-compose -f \</path/to/docker-compose.yaml\>up –d

然后执行如下代码：

 # chmod +x /etc/rc.d/rc.local

注意：一个常犯的错误是把 "# chmod +x /etc/rc.d/rc.local" 写成 "# chmod +x /etc/rc.local"。/etc/rc.local 只是/etc/rc.d/rc.local 的一个符号链接，修改/etc/rc.local 的权限是无效的。

（3）使用 Harbor。

1）浏览 Harbor 仓库。在浏览器中打开 http://\<ip of harbor\>。

2）通过命令使用 Harbor。首先登录 Harbor 仓库，代码如下：

 # docker login -u \<user\> -p \<password\> \<ip of harbor\>

登录成功后，会生成/.docker/config.json 文件，以后无须执行登录操作。

3）拉取和上传镜像。成功登录 Harbor 仓库后，就可以拉取和上传镜像了。

▌▶ 4.4　容器操作

1．容器的创建

使用 docker run 命令创建容器。

（1）使用-ti 参数项运行容器。-t 参数项会为 Docker 容器分配一个伪终端（pseudo-tty），-i 参数项则让容器的标准输入保持打开。使用-ti 参数项运行容器，直接进入交互状态，必须执行一个 shell 程序。代码如下：

 # docker run -ti \<imageName\> \<command\>

下面举例说明，代码如下：

 # docker run –ti busybox:latest /bin/sh

注意：\<command\>会覆盖镜像定义时的 CMD 命令。

（2）使用-d 参数项在后台运行容器。代码如下：

 # docker run -d \<imageName\>

下面举例说明，代码如下：

```
# docker run -d busybox:latest sleep infinity
```

说明：BusyBox 是一个体积非常小的镜像，常用于测试，但 BusyBox 镜像没有定义 CMD 和 ENTRYPOINT，直接运行 BusyBox 时会自动退出，解决方法是运行 sleep 命令。sleep 命令后面要跟一个参数项，以表示睡眠的时间，可以是 10s、5m、1h、1d、infinity 等形式，s 表示秒，m 表示分，h 表示小时，d 表示天，infinity 表示无限时间。

（3）docker run 命令的其他参数项。

- --rm：容器在终止后会立刻删除。
- --restart：重启策略，no 表示不重启，on-failure 表示当容器出错时重启（返回的错误码不为 0），always 表示停止后总是重启，unless-stopped 表示不考虑退出状态重启，但当 daemon 重启时，处于 stop 状态的容器不会被重启。
- --name=<name>：容器的名字。
- --add-host=<host:ip>：在容器的/etc/hosts 文件中增加 IP 地址与主机名的映射。

docker run 命令的详细用法可以通过使用 man docker-run 命令获取。

add-host 参数项的操作实例，代码如下：

```
# docker run -ti    --add-host=myhost:10.1.1.1 busybox:latest /bin/sh
/ # cat /etc/hosts
127.0.0.1          localhost
::1        localhost ip6-localhost ip6-loopback
fe00::0 ip6-localnet
ff00::0 ip6-mcastprefix
ff02::1 ip6-allnodes
ff02::2 ip6-allrouters
10.1.1.1          myhost
172.17.0.2          08b800e6da67
```

可以发现在/etc/hosts 文件中多了一行代码"10.1.1.1 myhost"，另外，还有一行代码"172.17.0.2 08b800e6da67"，表示容器本身的主机名和 IP 地址的映射。

（4）分步创建容器。

docker run 命令用于一步创建、启动容器。此外，我们也可以使用 docker create 和 docker start 命令分步创建、启动容器。

使用 docker create 命令创建容器，代码如下：

```
# docker create <imageName>
```

在 docker create 命令中可以使用-t 和-i 参数项。

使用 docker create 命令创建的容器处于停止状态，应使用 docker start 命令重启。重启一个处于停止状态的容器，代码如下：

```
# docker start < Container_ID >
```

（5）在容器中执行命令，代码如下：

```
# docker exec < Container_ID > <command>
```

在容器中执行命令时，也可以使用-t、-i 和-d 参数项，上述三个参数项的意义和 docker run 命令中三个参数项的意义相同。

2．查询容器信息

（1）查询运行中的容器，代码如下：

```
# docker ps
```

使用-q 参数项，显示容器的 ID，代码如下：

```
#docker ps -q
```

使用-a 参数项，显示所有状态的容器，代码如下：

```
#docker ps -a
```

（2）docker ps 命令可以输出以下字段。

- CONTAINER ID：容器 ID。在一些命令中使用 CONTAINER ID 时，无须使用完整的 CONTAINER ID，仅输入 CONTAINER ID 中前几个字符，就能自动识别容器 ID。

- IMAGE：使用的镜像。

- COMMAND：启动容器时运行的命令。

- CREATED：容器创建后运行的时间。

- STATUS：容器状态。容器的状态有以下七种。

  - created：已创建。

  - restarting：重启中。

  - running 或 up：运行中。

  - removing：迁移中。

  - paused：暂停。

  - exited：停止。

  - dead：死亡。

- PORTS：容器的端口。

- NAMES：容器的名称。

3．查询容器内进程

在容器外部查询容器的进程，代码如下：

```
# docker top <Container_ID>
```

在容器内部查询容器的进程，查询条件为容器内有 ps 命令。代码如下：

```
# docker exec <Container_ID> ps –A
```

下面举例说明，代码如下：

```
# docker run -d   --name=busybox busybox:latest sleep infinity
4a581ea3083638b20865df14bf0ab02c8727f45c8fbd58218e5d0fed61f88dd1
# docker top 4a581ea3083638b20865df14bf0ab02c8727f
UID      PID      PPID      C      STIME       TTY       TIME       CMD
Root     41950    41930     0      12:49       ?         00:00:00   sleep infinity
# docker exec 4a581ea3083638b20865df14bf0ab02c8727f ps -A
PID      USER     TIME      COMMAND
1        root     0:00      sleep infinity
8        root     0:00      ps –A
```

从上述结果中可以得出以下两个结论。

（1）使用 docker top 命令和 docker exec 命令所看到的 sleep infinity 进程的 PID 是不一样的，这是因为使用 docker top 命令是从宿主机名字空间来看的，而使用 docker exec 命令是从容器的名字空间来看的。

（2）使用 docker exec 命令后，可以看到多了一个进程 ps -A，这是因为 docker exec 命令在容器中执行了一条 ps -A 命令。

4．查询容器日志

查询容器日志，代码如下：

```
#docker logs <Container_ID>
```

5．查询容器的详细信息

查询完整信息，代码如下：

```
#docker inspect <Container_ID>
```
使用-f 参数项可以查询信息中指定的字段。下面举例说明，代码如下：
```
# docker inspect -f {{.State.Status}} <Container_ID>
```

6．停止和删除容器

（1）停止容器，代码如下：
```
# docker stop < Container_ID >
```
（2）删除容器，代码如下：
```
# docker rm < Container_ID >
```
（3）删除一个正在运行的容器。处于运行状态的容器不能被删除，必须先停止该容器再进行删除，但-f 参数项可以强制删除正在运行的容器。代码如下：
```
#docker rm -f < Container_ID >
```
（4）删除所有容器，代码如下：
```
#docker rm $(docker ps -qa)
```

▌▶ 4.5　容器的存储

每运行一次镜像都会产生一个容器，容器不能存储数据。Docker 使用卷存储容器的数据。

1．卷

使用 docker volume 命令管理卷。

（1）创建卷，代码如下：
```
# docker volume create <name>
```
（2）列出卷，代码如下：
```
# docker volume ls
```
（3）查询卷的详细信息，代码如下：
```
# docker volume inspect <name>
```
（4）删除卷，代码如下：
```
# docker volume rm <name>
```

2．使用卷

docker run 命令通过-v|--volume 参数项指定卷，　-v|--volume 参数项的格式如下：
```
-v|--volume[=[[HOST-DIR:]CONTAINER-DIR[:OPTIONS]]]
```
说明：

- HOST-DIR：主机目录。主机目录可以是一个绝对路径，也可以是一个已经创建好的卷名。如果没有提供 HOST-DIR，Docker 会在默认位置创建一个卷。
- CONTAINER-DIR：容器路径，只能使用绝对路径。
- OPTIONS：常用的参数项有 rw、ro。

下面举例说明。

使用主机目录作为卷，代码如下：
```
# docker run -d -p 80:80   -v /data:/usr/local/apache2/htdocs httpd:2.2.32
```
使用预创建好的卷，代码如下：
```
# docker run -d -p 80:80   -v vol:/usr/local/apache2/htdocs httpd:2.2.32
```
不提供 HOST-DIR，让 Docker 自动创建卷，代码如下：
```
# docker run -d -p 80:80   -v /usr/local/apache2/htdocs httpd:2.2.32
```

3．使用其他容器的卷

Docker 还可以使用其他容器的卷，代码如下：

#docker run --volumes-from=container1　-i -t fedora bash

下面举例说明，代码如下：

 # docker run -d -v /var/www --name=busybox1 busybox sleep infinity
5dba806f08d57f206ed004fcf82f9567471c8e2e3828936af1618d92b78254e7
 # docker run -d　--name=busybox2 --volumes-from=busybox1 busybox sleep infinity
3b04ea4a8fe0a39456e7a1d91a77b14d1d9c279f5df787b8f1188d874f87ef69
 # docker inspect -f {{.Mounts}} busybox1
[{volume 4260974a3005a181eeab0ab5f60bedf7a5541540cd4170333cd8a648fb69f573
/var/lib/docker/volumes/4260974a3005a181eeab0ab5f60bedf7a5541540cd4170333cd8a648fb69f573/_data
/var/www local　true }]
 # docker inspect -f {{.Mounts}} busybox2
[{volume 4260974a3005a181eeab0ab5f60bedf7a5541540cd4170333cd8a648fb69f573
/var/lib/docker/volumes/4260974a3005a181eeab0ab5f60bedf7a5541540cd4170333cd8a648fb69f573/_data
/var/www local　true }]

⯈4.6　容器的网络

Docker 后台进程启动时默认创建了一个虚拟网桥 docker0，网络地址为 172.17.0.0/16。Docker 容器默认连接 docker0。我们也可以在创建容器时指定容器的网络。

1．创建网络

（1）创建网络，代码如下：

**# docker network create --driver=bridge **
**　--subnet=172.28.0.0/16 --ip-range=172.28.5.0/24 **
**　--gateway=172.28.0.1 br0**

（2）列出网络，代码如下：

 # docker network ls

（3）查询网络详情，代码如下：

 # docker network inspect <Network_ID>

下面举例说明，代码如下：

#　docker　network　create　--driver　bridge　--subnet=172.28.0.0/16　--ip-range=172.28.5.0/24
--gateway=172.28.0.1 br0
9b44a7dbb99d86ce84934a6eab57a73ee0a0779693b084de67dce74ae78348b7
 # docker network ls

NETWORK ID	NAME	DRIVER	SCOPE
9b44a7dbb99d	br0	bridge	local
68b5408a5f89	bridge	bridge	local

2．容器的网络

容器的网络有五种，在运行容器时使用--network=type 参数项指定容器的网络。如果没有指定容器的网络，则使用默认网络 docker0。

五种容器的网络分别如下。

- none：没有网络。
- bridge：使用默认网络 docker0。
- host：使用主机的网络。
- container:name|id：通过容器 ID 或 name 指定使用某个容器的网络。

- network-name|network-id：使用指定的网络。

下面举例说明。

使用没有网络的容器 busybox1，代码如下：

```
# docker run -d   --name=busybox1 --network=none busybox sleep infinity
8f8856ffc3bf1ac00724528fa171fe8619bace1ab1b37d15a3465b935ffb548a
# docker inspect -f {{.NetworkSettings.Networks}} busybox1
map[none:0xc0003ce000]
```

使用默认网络的容器 busybox2，代码如下：

```
# docker run -d   --name=busybox2   busybox sleep infinity
8f3090cb06a6fbc6d67b1baa2a231774b7ce4af1a6a52e6ca822bfb455c6eff1
# docker inspect -f {{.NetworkSettings.Networks}} busybox2
map[bridge:0xc0005c4000]
```

使用 host 网络的容器 busybox3，代码如下：

```
# docker run -d   --name=busybox3 --network=host   busybox sleep infinity
eaf31f68b05c5c9de2a037dc74c51f722cd2ffcd5daabf222ff14d8890baba0d
# docker inspect -f {{.NetworkSettings.Networks}} busybox3
map[host:0xc0005b2f00]
```

使用自定义网络 br0 的容器 busybox4，代码如下：

```
# docker run -d   --name=busybox4 --network=br0   busybox sleep infinity
d35905c70744cafaa3dea34cab361a7b95494631d40c1a43d897578173bc294f
# docker inspect -f {{.NetworkSettings.Networks}} busybox4
map[br0:0xc000016d80]
```

使用容器 busybosx5，容器 busybox5 使用容器 busybox4 的网络，代码如下：

```
# docker run -d   --name=busybox5 --network=container:busybox4   busybox sleep infinity
311eaee9ef8cee3218ca982dd9b0c2436febde235fd3f852d337c52a5b3017f4
# docker exec busybox4 ip a
1: lo: <LOOPBACK,UP,LOWER_UP> mtu 65536 qdisc noqueue qlen 1000
……
83: eth0@if84: <BROADCAST,MULTICAST,UP,LOWER_UP,M-DOWN> mtu 1500 qdisc
……
# docker exec busybox5 ip a
1: lo: <LOOPBACK,UP,LOWER_UP> mtu 65536 qdisc noqueue qlen 1000
……
83: eth0@if84: <BROADCAST,MULTICAST,UP,LOWER_UP,M-DOWN> mtu 1500 qdisc
……
```

3. 端口暴露

在 docker run 命令中使用-p 参数项可以指定要暴露的端口。

端口暴露的实质是将宿主机网络的一个端口映射到容器的端口，以实现从外网访问容器。

-p 参数项的格式如下：

[ip:][hostPort]:containerPort | [hostPort:]containerPort

说明：

- [ip:]：指定宿主机的 IP 地址，当宿主机有多个 IP 地址时，使用该参数项。
- [hostPort]指定宿主机的端口，如果省略该参数项，则端口与 containerPort 一样。
- [hostPort:]containerPort 可以重复多次，以暴露多个端口。

下面举例说明，代码如下：

```
#docker run -d -p 80:80 httpd:2.2.32
```

4.7　自定义镜像

自定义镜像有两种方法，方法一：使用 Dockerfile 创建镜像。方法二：使用 docker commit 命令创建镜像。

4.7.1　使用 Dockerfile 创建镜像

1．使用 Dockerfile 创建镜像的步骤

（1）编写一个名为 Dockerfile 的文件。

（2）创建镜像，代码如下：

 # docker build -t <imagename> [-f dockerfilename] <path to Dockerfile >

-t <imagename>指定镜像的名称，-f dockerfilename 是可选项，当 dockfilename 不是标准名称 Dockerfile 时，使用该项指定文件名。使用 Dockerfile 创建镜像的关键是编写 Dockerfile 文件。

2．Dockerfile 的语法

Dockerfile 文件是纯文本文件，文件由一系列命令组成。读者可以访问 Docker 的官网了解有关 Dockerfile 文件的语法。

（1）注释，代码如下：

 # Comment

说明：以#开头的行是注释行。

（2）指定基础镜像，代码如下：

FROM <image>

说明：创建镜像都是从基础镜像做起的，所以基础镜像是必要参数项。

（3）LABEL 命令。LABEL 命令可以为镜像添加标签，标签使用键值对形式。代码如下：

LABEL <key>=<value> <key>=<value> <key>=<value>

（4）EXPOSE 命令。EXPOSE 命令用于定义要暴露的端口，格式为<port>/<protocol>。如果没有指定协议<protocol>，则默认为 tcp 协议。使用该命令可以暴露多个端口。代码如下：

EXPOSE <port> [<port>/<protocol>...]

（5）RUN 命令。RUN 命令用于指定在创建镜像的过程中要执行的命令。和 CMD 命令和 ENTRYPOINT 命令的区别在于，CMD 命令和 ENTRYPOINT 命令指定的命令是在生成容器时要执行的命令。

RUN 命令有两种模式：shell 模式和执行模式。

1）shell 模式，相当于使用/bin/sh –c 命令，代码如下：

RUN <command>

下面举例说明，代码如下：

RUN ls -l /etc

说明：相当于/bin/sh -c "ls -l /etc"。

2）执行模式，代码如下：

RUN ["executable", "param1", "param2"]

下面举例说明，代码如下：

RUN ["ls",”-l”,”/etc”]

说明：相当于直接执行 ls -l /etc。

（6）ENV 命令。ENV 命令用于定义环境变量，代码如下：

ENV <key>=<value> ...

说明：ENV 命令采用键值对形式定义，在容器中表现为环境变量。

（7）ARG 命令。ARG 命令用于定义变量，代码如下：

ARG <name>[=<default value>]

使用环境变量和变量，代码如下：

${name of ARGorENV}
${name of ARGorENV :-word}

说明：从代码"${name of ARGorENV :-word}"中可以看出，如果没有定义变量，则使用 word 替代。

环境变量和变量的区别：环境变量会出现在生成的容器中，而变量只在创建镜像期间有效。

（8）COPY 命令。COPY 命令可以将宿主机的文件或目录复制到镜像中，可以一次将多个源文件复制到一个目录中。COPY 命令有以下两种格式：

COPY [--chown=<user>:<group>] <src>... <dest>
COPY [--chown=<user>:<group>] ["<src>",... "<dest>"]

说明：[--chown=<user>:<group>]是可选参数项，用于改变目标文件的所有者和所属的组。

（9）ADD 命令。ADD 命令也可以将宿主机的文件或目录复制到镜像中。ADD 命令有以下两种格式：

ZADD [--chown=<user>:<group>] <src>... <dest>
ADD [--chown=<user>:<group>] ["<src>",... "<dest>"]

COPY 命令和 ADD 命令的区别：ADD 命令能解压压缩文件，而 COPY 命令不能解压压缩文件。

（10）CMD 命令。CMD 命令用于指定镜像生成容器时要执行的命令。CMD 命令有三种模式：执行模式、作为 ENTRYPOINT 的默认参数的模式和 shell 模式。

1）执行模式是推荐的模式，代码如下：

CMD ["executable","param1","param2"]

2）作为 ENTRYPOINT 的默认参数的模式，与执行模式相比，没有可执行程序部分，代码如下：

CMD ["param1","param2"]

3）shell 模式，使用该模式会启动一个新的 shell，然后在 shell 中执行 CMD 命令，代码如下：

CMD command param1 param2

生成容器时，指定的命令和参数项会覆盖 CMD 命令的设置。下面举例说明，代码如下：

 # docker run -d <image> <command>

说明：<command>会覆盖镜像的 CMD 命令。

一个镜像只能包含一条 CMD 命令，如果有多条 CMD 命令，那么只有最后一条 CMD 命令有效。

（11）ENTRYPOINT 命令。

ENTRYPOINT 命令用于指定镜像生成容器时要执行的命令。ENTRYPOINT 命令有两种模式：执行模式和 shell 模式。

1）执行模式是推荐的模式，代码如下：

ENTRYPOINT ["executable", "param1", "param2"] "]

2）shell 模式，代码如下：

ENTRYPOINT command param1 param2

关于 ENTRYPOINT 命令和 CMD 命令的说明：

- docker run <image>的参数项会附加到执行模式的 ENTRYPOINT 关键字后，并会覆盖所有的 CMD 元素。
- 使用 docker run -entrypoint 命令可以覆盖 ENTRYPOINT 命令。
- shell 模式可以阻止任何 CMD 命令或 RUN 命令的参数项被使用，但缺点是 ENTRYPOINT

命令会被启动为/bin/sh -c 的一个子命令，这意味着可执行程序的 PID 不是 1，不会接收到操作系统的信号，所以 docker stop <container>命令发出的 SIGTERM 信号不会被接收。

- 一个 Dockerfile 只能有一条 ENTRYPOINT 命令，如果有多条 ENTRYPOINT 命令，那么只有最后一条 ENTRYPOINT 命令是有效的。

CMD 命令与 ENTRYPOINT 命令的组合关系如表 4-4 所示。

表 4-4　CMD 命令与 ENTRYPOINT 命令的组合关系

	没有 ENTRYPOINT 命令	ENTRYPOINT exec_entry p1_entry	ENTRYPOINT ["exec_entry", "p1_entry"]
没有 CMD 命令	error, not allowed		exec_entry p1_entry
CMD ["exec_cmd", "p1_cmd"]	exec_cmd p1_cmd		exec_entry p1_entry exec_cmd p1_cmd
CMD ["p1_cmd", "p2_cmd"]	p1_cmd p2_cmd	/bin/sh -c exec_entry p1_entry	exec_entry p1_entry p1_cmd p2_cmd
CMD exec_cmd p1_cmd	/bin/sh -c exec_cmd p1_cmd		exec_entry p1_entry /bin/sh -c exec_cmd p1_cmd

（12）USER 命令。USER 命令用于指定镜像运行时及 RUN 命令、CMD 命令和 ENTRYPOINT 命令的用户和组（可选）。代码如下：

USER <user>[:<group>]
USER <UID>[:<GID>]

（13）WORKDIR 命令。WORKDIR 命令用于指定工作目录。代码如下：

WORKDIR /path/to/workdir

WORKDIR 命令会影响 RUN 命令、CMD 命令、ENTRYPOINT 命令、COPY 命令和 ADD 命令的工作目录。

（14）VOLUME 命令。VOLUME 命令用于设定卷，代码如下：

VOLUME ["/data"]

当镜像定义了卷后，生成容器时会自动创建卷。

（15）SHELL 命令，代码如下：

SHELL ["executable", "parameters"]

SHELL 命令会影响 RUN 命令、CMD 命令和 ENTRYPOINT 命令 shell 模式，shell 模式相当于使用/bin/sh -c 命令。

（16）使用 Dockerfile 创建镜像操作实例。

1）操作实例一，代码如下：

```
# vi Dockerfile
FROM busybox:latest
LABEL name=sleepbusybox
VOLUME ["/var/www"]
CMD ["sleep","infinlty"]
```

说明：

- 从 busybox:latest 中创建一个镜像。
- LABEL 命令用于给镜像增加一个标签。
- VOLUME 命令用于给镜像增加一个卷。
- CMD 命令用于指定生成容器时要运行 sleep infinlty 命令。

创建镜像，代码如下：

```
# docker build -t sleepbusybox:latest ./
```

列出创建的镜像，代码如下：

```
# docker images
REPOSITORY      TAG        IMAGE ID        CREATED            SIZE
Sleepbusybox    latest     4490fb0ab1b0    About a minute ago 1.24MB
```

查看新镜像的 Label，代码如下：

```
# docker inspect -f {{.ContainerConfig.Labels}} sleepbusybox:latest
map[name:sleepbusybox]
```

查看新镜像的 Volume，代码如下：

```
# docker inspect -f {{.ContainerConfig.Volumes}} sleepbusybox:latest
map[/var/www:{}]
```

使用新镜像运行一个容器，代码如下：

```
# docker run -d --name=sleep1 sleepbusybox:latest
69dcf840cb11c9166f65f990b5d134a5cdda6dc26da0cbf16debfcb3044b5b4a
```

查看生成的容器，代码如下：

```
# docker ps
CONTAINER ID        IMAGE                COMMAND          CREATED        STATUS      PORTS NAMES
69dcf840cb11        sleepbusybox:latest "sleep infinlty"  3 minutes ago  Up          sleep1
```

查看容器的卷，代码如下：

```
# docker inspect -f {{.Mounts}} sleep1
[{volume 4443c777394ec4872ca4bc3d287370450309c63d1f8e34036720b17308a5d661
/var/lib/docker/volumes/4443c777394ec4872ca4bc3d287370450309c63d1f8e34036720b17308a5d661/_data
/var/www local    true }]
```

2）操作实例二，代码如下：

```
# vi Dockerfile
FROM centos
RUN rm -rf /etc/yum.repos.d/*
```

删除镜像/etc/yum.repos.d/目录中的所有文件，代码如下：

```
COPY local.repo /etc/yum.repos.d/
```

将宿主机的 local.repo 文件复制到镜像的/etc/yum.repos.d/目录中，先准备好 local.repo 文件，安装 MariaDB，代码如下：

```
RUN yum install -y mariadb-server mariadb
RUN export TERM=vt100
```

初始化数据库，代码如下：

```
RUN mysql_install_db --user=mysql
EXPOSE 3306
VOLUME ["/var/lib/mysql"]
```

指定运行程序身份，代码如下：

```
USER mysql
```

启动服务，代码如下：

```
CMD ["/usr/bin/mysqld_safe"]
```

4.7.2　使用 docker commit 命令创建镜像

docker commit 命令可以在正在运行的容器中创建镜像，代码如下：

```
# docker commit [options] <Container ID> [Repository]<name>[:tag]
```

说明：

- -a,--author=""：作者信息。

- -m,--message=""：提交消息。

- -p,--pause=true：提交时暂停容器运行。

下面举例说明，代码如下：

```
# docker run -d --name=busybox1 busybox:latest sleep infinity
cf7a8edd046eeef5afab1465acdd150707139db9000aca24cc18fbc1757305d6
# docker commit cf7a8edd046eeef5afa busybox:new
sha256:26337213e90ddd80b1203a2f1d3a22678bdcb8e83d885412700a13188a120d12
# docker images|grep new
Busybox    new 26337213e90d      28 seconds ago      1.24MB
# docker inspect busybox:new
[
        "RepoTags": [
            "busybox:new"
        ],
            "Cmd": [
                "sleep",
                "infinity"
            ],
            "Image": "busybox:latest",
]
```

## 第 5 章

Kubernetes 容器云搭建与维护

5.1 Kubernetes 介绍

5.1.1 Kubernetes 简介

1. Kubernetes 是什么？

Kubernetes 是一个开源的容器管理平台，提供集群化的容器编排技术。Kubernetes 是可移植、可扩展的平台。

Kubernetes 支持多种容器，Docker 是其中一种容器。

Kubernetes 这个名字源于希腊语，意为"舵手"或"飞行员"。因为字母 K 和 s 之间有八个字母，所以 Kubernetes 也可以缩写为 K8s。

Kubernetes 通过模板文件管理资源对象。Kubernetes 的基本资源有 Pod、Service、Volume，Kubernetes 还支持使用工作负载控制资源的副本和生命周期，支持大规模的应用部署。

2. 回顾应用部署的历史

应用部署经历了传统部署阶段、虚拟化部署阶段，以及目前的容器化部署阶段。

（1）传统部署阶段。早期，在物理服务器上运行应用程序会导致资源分配问题。例如，如果在物理服务器上运行多个应用程序，则可能出现一个应用程序占用过多资源的情况，所以可能导致其他应用程序的性能下降。有一种解决方案，即在一个物理服务器上运行一个应用程序，但这样做资源利用率不高，并且维护多个物理服务器的成本也很高。

（2）虚拟化部署阶段。传统部署阶段之后，引入了虚拟化技术。虚拟化技术可以在单个物理服务器的 CPU 上运行多台虚拟机。虚拟化技术允许应用程序在虚拟机之间隔离，并提供一定的安全保障措施，因为一个应用程序的信息不会被另一应用程序随意访问。

虚拟化技术能够更好地利用物理服务器的资源，并且因为可以轻松地添加或更新应用程序，所以能够实现更好的可伸缩性，降低硬件成本等。

每个虚拟机是一台完整的计算机，在虚拟化硬件之上运行所有组件，包括操作系统。

（3）容器化部署阶段。容器类似于虚拟机，但是它们具有更宽松的隔离属性，可以在应用程序之间共享操作系统。 因此，容器被认为是轻量级的虚拟机。

容器与虚拟机类似，具有自己的文件系统、CPU、内存、进程空间等。

由于容器与基础架构分离，所以可以跨云和操作系统版本进行移植。

3. 容器化的优点

容器化具有以下优点。

- 跨云和操作系统版本的可移植性：可在 Ubuntu、RHEL、CoreOS、本地、Google Kubernetes

Engine 和其他任何地方运行。

- 以应用程序为中心进行管理：提高抽象级别，包括在虚拟硬件上运行操作系统，以及使用隔离的逻辑资源在操作系统中运行应用程序。
- 提供松散耦合、分布式、弹性的微服务：应用程序被分解成较小的独立部分，并且可以动态部署和管理，而不是在一台大型主机上整体运行。
- 资源隔离，具有可管理的应用程序性能。
- 提高资源利用的效率和密度。

4. Kubernetes 能做什么？

（1）服务发现和负载均衡。Kubernetes 内置有 DNS 服务器，可以使用域名或 IP 地址公布容器，如果进入容器的流量很大，那么 Kubernetes 可以通过负载均衡分配网络流量，从而使应用部署稳定。

（2）存储编排。Kubernetes 允许自动挂载各种存储系统，如本地存储、公共云提供的存储等。

（3）自动部署和回滚。我们可以使用 Kubernetes 描述已部署容器的所需状态，以受控的速率将实际状态更改为期望状态。例如，可以让 Kubernetes 自动部署，从而创建新容器，以及删除现有容器并将它们的所有资源用于新容器。

（4）管理计算资源。Kubernetes 允许指定每个容器所需的 CPU 和内存（RAM）。 Kubernetes 可以根据容器的资源请求做出更好的决策来管理容器的资源。

（5）自我修复。Kubernetes 可以重新启动失败的容器、替换容器、杀死不响应的容器，并且在准备好服务之前不将其通知给客户端。

（6）密钥与配置管理。Kubernetes 允许存储和管理敏感信息，如密码、Auth 令牌和 SSH 密钥。可以在不重建容器镜像的情况下部署和更新密钥和应用程序配置，也无须在配置中暴露密钥。

5.1.2 Kubernetes 集群的组成

从物理角度讲，Kubernetes 集群由一系列节点（Node）组成。

从逻辑角度讲，Kubernetes 集群由一系列组件构成。Kubernetes 的组件分为控制面组件和 Node 组件。安装控制面组件的节点被称为主节点，安装 Node 组件的节点被称为工作节点。

1. 控制面组件

控制面组件负责对整个集群进行控制和管理，控制面组件主要包括 kube-apiserver、etcd、kube-scheduler、kube-controller-manager 和 cloud-controller-manager。

（1）kube-apiserver。API 服务器是 Kubernetes 控制面的组件，kube-apiserver 组件公开了 Kubernetes API。API 服务器接受 API 请求并作出回应。API 服务器使用 RESTful 标准。

kube-apiserver 用于实现 API 服务器。kube-apiserver 支持水平伸缩，可以运行 kube-apiserver 的多个实例，并在这些实例之间平衡流量。

（2）etcd。etcd 是兼具一致性和高可用性的键值数据库，可以作为保存 Kubernetes 集群数据的后台数据库。

（3）kube-scheduler。kube-scheduler 负责监视新创建的 Pods，以及选择运行节点。

（4）kube-controller-manager。kube-controller-manager 由一系列控制器组成。常用的控制器包括节点控制器、任务控制器、端点控制器及服务账户和令牌控制器。

- 节点控制器（Node Controller）：负责在节点出现故障时进行通知和响应。

- 任务控制器（Job Controller）：监测 Job 对象，然后创建 Pods 来运行这些任务直到任务完成。
- 端点控制器（Endpoints Controller）：填充端点对象，即为服务加入适配的 Pod。
- 服务账户和令牌控制器（Service Account & Token Controllers）：为新的命名空间创建默认账户和 API 访问令牌。

（5）cloud-controller-manager。cloud-controller-manager 即云控制器管理器，是一种将 Kubernetes 嵌入特定云的控制逻辑的控制平面组件。云控制器管理器允许链接集群到云服务提供商的应用编程接口中，并把和该云平台交互的组件与只和集群交互的组件分离。云控制器管理器是实现跨云部署的组件。

cloud-controller-manager 是可选组件，由以下控制器组成。

- 节点控制器：用于在节点终止响应后检查云服务提供商，以确定节点是否已被删除。
- 路由控制器（Route Controller）：用于在底层云基础架构中设置路由。
- 服务控制器（Service Controller）：用于创建、更新和删除云服务提供商的负载均衡器。

2. Node 组件

Node 组件包括 kubelet、kube-proxy 和 Container Runtime。

（1）kubelet。kubelet 是一种在集群中每个节点上运行的代理。kubelet 根据 Pod 规范确保 PodSpecs 中描述的容器处于运行状态且保持健康状态。

（2）kube-proxy。kube-proxy 是集群中每个节点上运行的网络代理，负责维护部分 Kubernetes 服务。kube-proxy 维护节点上的网络规则，这些网络规则允许从集群内部或外部访问 Pod。

（3）Container Runtime（容器运行时）。Container Runtime 是负责运行容器的软件，如 Docker。Kubernetes 支持多种容器运行环境，如 Docker、Containerd、CRI-O 等。

说明：主节点的控制面组件也是以 Pod 形式存在的，所以主节点也要安装运行 kubele、kube-proxy 和 Container Runtime。

3. Kubernetes 版本

（1）Kubernetes 版本号。Kubernetes 版本号的格式为 x.y.z，其中 x 为大版本号，y 为小版本号，z 为补丁版本号。

（2）Kubernetes 版本偏差。Kubernetes 是由多个组件构成的集群，为了方便在线升级，Kubernetes 允许各组件的版本存在不一致的地方。

1）kube-apiserver。在高可用（HA）集群中，多个 kube-apiserver 的小版本号最多相差 1。

2）kubelet。kubelet 版本号不能高于 kube-apiserver 版本号，kubelet 版本号最多可以比 kube-apiserver 版本号低 2。

3）kube-controller-manager、kube-scheduler 和 cloud-controller-manager。kube-controller-manager、kube-scheduler 和 cloud-controller-manager 版本号不能高于 kube-apiserver 版本号。kube-controller-manager、kube-scheduler 和 cloud-controller-manager 版本号最好与 kube-apiserver 版本号保持一致，但允许比 kube-apiserver 版本号低 1。

4）kubectl。kubectl 版本号可以比 kube-apiserver 版本号高 1，也可以在小版本号上低 1。

5）kube-proxy。

kube-proxy 版本号必须与节点上的 kubelet 的小版本号相同。

kube-proxy 版本号一定不能比 kube-apiserver 的小版本号新。

kube-proxy 版本号最多只能比 kube-apiserver 的小版本号低 2。

5.2 安装 Kubernetes 集群

1．安装 Kubernetes 的先决条件

操作系统：64 位。

CPU：至少为双核。

已安装容器运行时。

已安装 registry，如 Harbor。

2．安装架构

主节点：4GB 内存，IP 地址为 192.168.9.10，节点名称为 master。

工作节点：4GB 内存，IP 地址为 192.168.9.11，节点名称为 node。

操作系统：CentOS-7-x86_64-2009。

Kubernetes 版本：v1.20.6。

3．环境准备

说明：主节点的环境准备流程和工作节点的环境准备流程一样。

（1）修改主机名。分别将两个节点的主机名修改为 master 和 node。代码如下：

```
# hostnamectl set-hostname master
# hostnamectl set-hostname node
```

（2）配置主机名映射。修改/etc/hosts 文件，代码如下：

```
192.168.9.10 master
192.168.9.11 node
```

（3）关闭 SELinux 和防火墙。

关闭 SELinux，代码如下：

```
# setenforce 0
```

设置文件/etc/selinux/config 中的 "SELINUX=permissive"，代码如下：

```
# vi /etc/selinux/config
# This file controls the state of SELinux on the system.
# SELINUX= can take one of these three values:
#     enforcing - SELinux security policy is enforced.
#     permissive - SELinux prints warnings instead of enforcing.
#     disabled - No SELinux policy is loaded.
SELINUX=permissive
# SELINUXTYPE= can take one of three values:
#targeted - Targeted processes are protected,
#minimum - Modification of targeted policy. Only selected processes are protected.
#mls - Multi Level Security protection.
SELINUXTYPE=targeted
```

关闭防火墙，代码如下：

```
# systemctl stop firewalld
# systemctl disable firewalld
```

（4）关闭 swap 分区，代码如下：

```
# swapoff -a
# sed -i 's/.*swap.*/#&/' /etc/fstab
```

说明：

- swapoff -a 用于立即关闭 swap 分区。

- sed -i 's/.*swap.*/#&/' /etc/fstab 用于修改/etc/fstab 文件，使系统在启动时不再加载 swap 分区，也可以通过直接修改/etc/fstab 文件实现同样的功能。

（5）加载 br_netfilter 模块，代码如下：

```
# modprobe br_netfilter
```

（6）修改内核参数。

创建/etc/sysctl.d/k8s.conf 文件，代码如下：

```
net.bridge.bridge-nf-call-ip6tables = 1
net.bridge.bridge-nf-call-iptables = 1
net.ipv4.ip_forward = 1
```

使内核参数生效，代码如下：

```
#sysctl -p /etc/sysctl.d/k8s.conf
```

4．配置 yum 源

配置 yum 源，代码如下：

```
[centos-base]
name=centos-base
baseurl=https://mirrors.tuna.tsinghua.edu.cn/centos/$releasever/os/$basearch/
gpgcheck=0
enabled=1

[centos-extras]
name=centos-extras
baseurl=https://mirrors.tuna.tsinghua.edu.cn/centos/$releasever/extras/$basearch/
gpgcheck=0
enabled=1

[docker]
name=docker
baseurl=http://mirrors.tuna.tsinghua.edu.cn/docker-ce/linux/centos/7Server/x86_64/stable/
gpgcheck=0
enabled=1

[kubernetes]
name=kubernetes
baseurl=http://mirrors.tuna.tsinghua.edu.cn/kubernetes/yum/repos/kubernetes-el7-x86_64/
gpgcheck=0
enabled=1
```

centos-base 源和 centos-extras 源提供 CentOS 软件包，docker 源提供 Docker 软件包，kubernetes 源提供 Kubernetes 软件包。

5．安装 Docker 和 Harbor

在 Master 节点和 Node 节点中，按照 4.1.2 节介绍的方法安装 Docker。

在 Master 节点中，按照 4.3.2 节介绍的方法安装 Harbor 镜像仓库，然后在 Master 节点和 Node 节点登录 Harbor。

6．Master 节点的安装配置

（1）安装软件并启动 kubelet 服务，代码如下：

```
# yum -y install kubeadm-1.20.6 kubectl-1.20.6 kubelet-1.20.6
# systemctl enable kubelet
# systemctl start kubelet
```

（2）拉取控制面组件镜像。在 Kubernetes 中，只有 kubelet 是以后台服务的形式存在的，其他

组件都是以容器的形式存在的。Kubernetes 需要使用一系列镜像，建议先拉取所有镜像。

查询需要的镜像，代码如下：

```
#kubeadm config images list
……
k8s.gcr.io/kube-apiserver:v1.20.6
k8s.gcr.io/kube-controller-manager:v1.20.6
k8s.gcr.io/kube-scheduler:v1.20.6
k8s.gcr.io/kube-proxy:v1.20.6
k8s.gcr.io/pause:3.2
k8s.gcr.io/etcd:3.4.13-0
k8s.gcr.io/coredns:1.7.0
```

然后从 registry.aliyuncs.com/google_containers 中拉取所需的镜像。

（3）初始化集群，代码如下：

```
# kubeadm init --kubernetes-version=1.20.6 \
    --apiserver-advertise-address=192.168.9.10 \
    --image-repository registry.aliyuncs.com/google_containers \
    --pod-network-cidr=10.244.0.0/16
```

说明：

- --kubernetes-version=1.20.6 用于指定版本。
- --apiserver-advertise-address=192.168.9.10 用于指定 API 服务器的地址。
- --image-repository 用于指定镜像的库。虽然已拉取所需的镜像，但也要指定镜像的库，否则会从 k8s.gcr.io 中拉取镜像。
- --pod-network-cidr=10.244.0.0/16 用于指定集群的 IP 地址段。

（4）建立配置文件。将配置文件复制到$HOME/.kube 目录中，并修改用户和组，代码如下：

```
# mkdir -p $HOME/.kube
# sudo cp -i /etc/kubernetes/admin.conf $HOME/.kube/config
# sudo chown $(id -u):$(id -g) $HOME/.kube/config
```

（5）安装网络插件。Docker 在每个节点中均会创建一个内部网络，这些网络不能互通。网络插件的作用是连通各节点的网络，并统一 IP 地址的分配。

Kubernetes 支持多种网络插件，最常用的网络插件是 flannel。

1）下载模板文件 kube-flannel.yaml，代码如下：

```
#curl -k -L \
    https://raw.githubusercontent.com/coreos/flannel/master/Documentation/kube-flannel.yml -o
kube-flannel.yaml
```

2）拉取 flannel 镜像，代码如下：

```
#docker pull flannel:v0.13.0-rc2
```

3）为 flannel 镜像设置 tag，然后上传到 Harbor 镜像仓库。因为所有节点都会用到 flannel 镜像，所以需要上传到 Harbor 镜像仓库。代码如下：

```
# docker tag flannel:v0.13.0-rc2 192.168.9.10/library/flannel:v0.13.0-rc2
# docker push 192.168.9.10/library/flannel:v0.13.0-rc2
```

4）修改 kube-flannel.yaml。将其中的 image 参数项修改为"image: 192.168.9.10/library/flannel:v0.13.0-rc2"。

5）创建网络插件，代码如下：

```
# kubectl apply -f kube-flannel.yaml
```

说明：两个节点都必须设置网关，flannel 会根据网关确定外网网卡。

（6）安装 Dashboard。Dashboard 为 Kubernetes 提供了图形化界面，是可选插件。

1）安装 Dashboard，代码如下：

```
# kubectl apply -f \
    https://raw.githubusercontent.com/kubernetes/dashboard/v2.2.0/aio/deploy/recommended.yaml
```

2）访问 Dashboard。打开浏览器，在地址栏中输入 https://192.168.9.10:30000，访问 Dashboard，界面如图 5-1（1）所示。

3）登录 Dashboard。使用 Token 登录 Dashboard，Token 可以使用以下代码获取：

```
# kubectl -n kubernetes-dashboard describe secret $(kubectl -n kubernetes-dashboard get secret | grep
dashboard-admin | awk '{print $1}')
```

输入 Token 后，打开如图 5-1（2）所示的界面。

（1）

（2）

图 5-1　Kubernetes 的 Dashboard 界面

（7）查看集群状态，代码如下：

```
# kubectl get cs
NAME                    STATUS        MESSAGE                 ERROR
scheduler               Healthy       ok
controller-manager      Healthy       ok
etcd-0                  Healthy       {"health":"true"}
```

说明：如果执行上述代码后，出现"Get "http://127.0.0.1:10252/healthz": dial tcp 127.0.0.1:10252: connect: connection refused"的提示信息，则只需修改文件/etc/kubernetes/manifests/kube-scheduler.yaml 和/etc/kubernetes/manifests/kube-controller-manager.yaml，在两个文件的"--port=0"前面添加符号"#"。

（8）删除污点。污点是 Kubernetes 的一种调度机制，删除污点的目的是让 Master 节点也成为一个工作节点。删除污点的代码如下：

```
# kubectl taint nodes master node-role.kubernetes.io/master-
```

7．Node 节点的安装配置

（1）安装软件并启动 kubelet 服务，代码如下：

```
# yum -y install kubeadm-1.20.6 kubectl-1.20.6 kubelet-1.20.6
# systemctl enable kubelet
# systemctl start kubelet
```

（2）将 Node 节点加入集群。

准备镜像，代码如下：

```
# docker pull registry.aliyuncs.com/google_containers/kube-proxy:v1.20.6
# docker pull registry.aliyuncs.com/google_containers/pause:3.2
```

在 Master 节点执行如下代码：

```
# kubeadm token create --print-join-command
kubeadm join 192.168.9.10:6443 --token zv3fee.9amc7pqalkuzxar1        --discovery-token-ca-cert-hash
sha256:be3fc0caafcd9c3681916f76d2c4a309402840823171560fe609c8c79edadbbd
```

复制上述代码的输出结果，然后在 Node 节点执行如下代码：

```
# kubeadm join 192.168.9.10:6443 --token zv3fee.9amc7pqalkuzxar1
  --discovery-token-ca-cert-hash
  sha256:be3fc0caafcd9c3681916f76d2c4a309402840823171560fe609c8c79edadbbd
```

在 Master 节点查询节点状态，代码如下：

```
# kubectl get nodes
NAME      STATUS    ROLES                   AGE    VERSION
master    Ready     control-plane,master    1d     v1.20.6
node      Ready     <none>                  1d     v1.20.6
```

8．配置命令补全功能

虽然 kubectl 命令的子命令和参数项较多，但是 kubectl 命令具有命令补全功能。

（1）安装 bash-completion，代码如下：

```
#yum install -y bash-completion
```

（2）修改~/.bashrc 文件，代码如下：

```
#vi ~/.bashrc
……
source <(kubectl completion bash)
```

▌▶ 5.3 Pod

5.3.1 资源、对象与命名规则

1．资源和对象

资源和对象是两个容易混淆的概念，有时的确没有必要彻底区分。但为了表述清晰，本书约定：资源用于表达某类事务，如 Pod、卷、Service；对象用于表达资源的具体实例。

Kubernetes 有各种资源。使用 kubectl api-resources 命令可以列出所有资源，代码如下：

```
# kubectl api-resources
NAME              SHORTNAMES    APIVERSION    NAMESPACED    KIND
bindings                        v1            true          Binding
componentstatuses cs            v1            false         ComponentStatus
configmaps        cm            v1            true          ConfigMap
endpoints         ep            v1            true          Endpoints
```

events	ev	v1	true	Event
limitranges	limits	v1	true	LimitRange
namespaces	ns	v1	false	Namespace
nodes	no	v1	false	Node
pods	po	v1	true	Pod

2．命名规则

Kubernetes 资源和对象的命名应该遵循 DNS 子域名规则或 DNS 标签名规则，具体使用哪种规则，应根据资源类型而定。

（1）DNS 子域名。部分资源和对象的名称可以遵循 DNS 子域名规则。DNS 子域名规则如下。

- 不能超过 253 个字符。
- 只能包含小写字母、数字，以及'-' 和 '.'。
- 需以字母或数字开头。
- 需以字母或数字结尾。

（2）DNS 标签名。部分资源和对象的名称可以遵循 DNS 标签名规则。DNS 标签名规则如下。

- 最多 63 个字符。
- 只能包含小写字母、数字，以及'-'。
- 需以字母或数字开头。
- 需以字母或数字结尾。

3．名字空间

这里所说的名字空间不是 Docker 使用的 Linux 内核的名字空间。

这里所说的名字空间是一种对象分组方法，是一种方便管理的方法，没有隔离功能。我们可以将创建的对象放入某一名字空间中。

并非所有的资源都支持名字空间，使用 kubectl api-resources 命令输出的 NAMESPACED 列可以显示该资源是否支持名字空间。

系统中默认有一个名为 default 的名字空间，我们也可以创建其他名字空间。

（1）列出系统中的名字空间，代码如下：

 # kubectl get ns|namespace

说明：有些资源的名称可以缩写，使用 kubectl api-resources 命令输出的 SHORTNAMES 列可以显示资源名称的缩写。名字空间的全称是 namespace，可缩写成 ns；所以列出系统中的名字空间可以使用 kubectl get namespace 命令，也可以使用 kubectl get ns 命令。

（2）列出名字空间的资源。使用 kubectl get 命令可以列出支持名字空间的资源。

说明：

- -A：用于列出所有名字空间的资源。
- -n <ns>：用于列出指定名字空间的资源。
- 没有指定名字空间，则列出 default 名字空间的资源。

下面举例说明，代码如下：

```
# kubectl get pods -n kubernetes-dashboard
NAME                                   READY  STATUS   RESTARTS  AGE
dashboard-metrics-scraper-7b59f7d4df-v26r7  1/1    Running  7         63d
kubernetes-dashboard-79658c479c-nwtlg       1/1    Running  7         63d
```

（3）创建名字空间。创建名字空间可以使用命令和模板文件。

使用 kubectl create namespace 命令创建名字空间，代码如下：

 # kubectl create namespace <namespace>

【例 5-1】创建名字空间操作实例。

使用命令创建一个名字空间，代码如下：

```
# kubectl create namespace ns1
namespace/ns1 created
# kubectl get ns
NAME                   STATUS    AGE
default                Active    63d
kube-node-lease        Active    63d
kube-public            Active    63d
kube-system            Active    63d
kubernetes-dashboard   Active    63d
ns1                    Active    12s
```

使用模板文件创建一个名字空间，代码如下：

```
# vi ns.yaml
kind: Namespace
apiVersion: v1
metadata:
    name: ns2
# kubectl apply -f ns.yaml
namespace/ns2 created
# kubectl get ns
NAME                   STATUS    AGE
default                Active    63d
kube-node-lease        Active    63d
kube-public            Active    63d
kube-system            Active    63d
kubernetes-dashboard   Active    63d
ns1                    Active    7m35s
ns2                    Active    7s
```

（4）删除名字空间，代码如下：

```
# kubectl delete ns <namespace>
```

5.3.2 运行和管理 Pod

1. 什么是 Pod？

Pod 是一种 Kubernetes 资源，是可以在 Kubernetes 中创建和管理的、最小的、可部署的计算单元。

Pod 是一组容器和卷的集合，Pod 中的容器共享存储、网络、名字空间和控制组。Pod 中的所有容器只能运行在同一节点上。

2. 使用 kubectl run 命令创建 Pod

（1）kubectl run 命令的格式如下：

```
# kubectl run <podName> --image=<imageName>
    [--image-pull-policy=Always|Never| IfNotPresent]
    [--labels=" Key=value, Key=value"]
    [--env="key=value"]
    [--port=port]
    [--dry-run=server|client]
    [--overrides=inline-json]
    [--command] -- [COMMAND] [args...]
    [options]
```

关于 kubectl run 命令的更多帮助信息可以使用 kubectl help run 命令获取。

说明：

- [--image-pull-policy=]：镜像拉取策略，可以是 Always、Never 或 IfNotPresent。
- [--port=]：指定要暴露的端口。
- [--env="Key=value"]：为 Pod 增加环境变量，使用键值对的形式。
- [--labels=" Key=value, Key=value"]：为 Pod 增加标签。
- [--dry-run=]：可以是 none、server 或 client，如果是 client，则只列出请求的对象，而不会真正运行 Pod；如果是 server，则提交 server 请求，而不会真正运行 Pod。
- [-i]：使用该参数项会进入交互模式。
- [-t]：打开一个伪终端，并将标准输入、绑定到伪终端上。
- [--restart=]：--restart 的值可以是 Always、OnFailure 和 Never，用于设置 Pod 的重启方式；Always 表示只要 Pod 没有运行就重启 Pod，OnFailure 表示只有在 Pod 出错时才重启 Pod，Never 表示不管出现什么情况都不重启 Pod。
- [-- <arg1> <arg2>…<argn>]：为 Pod 指定参数；此处的"--"表示 kubectl 命令到此结束，"--"后面是参数项。
- [--command -- <cmd> <arg1>…<argn>]：为 Pod 指定命令和参数。因为此处有"--command"，所以表明"--"后的第一个<cmd>是命令，否则<cmd>会被视为参数项。

【例 5-2】kubectl run 命令操作实例。代码如下：

`# kubectl run busybox --image=busybox --image-pull-policy=IfNotPresent --command -- sleep infinity`

（2）查询系统中的 Pod。使用 kubectl get pods 命令可以查询系统中的 Pod，代码如下：

`# kubectl get pods [<podName>]`

说明：

- -o wide|json|yaml|custom-columns=：用于指定输出格式。其中，wide 输出宽格式，json 输出 json 格式，yaml 输出 yaml 格式，custom-columns=自定义输出的列，格式为"列名:路径"，路径为 xpath 格式。
- -n <namespace>：输出指定名字空间的对象。
- -A：输出所有名字空间的对象。
- --show-labels：显示 Pod 的 label。
- --selector="：根据 label 选择要列出的 Pod，如"--selector='app=nginx'"。

【例 5-3】kubectl get pods 命令操作实例。代码如下：

```
# kubectl get pods
NAME            READY    STATUS    RESTARTS    AGE
Busybox         1/1      Running   0           15s
# kubectl get pods -o custom-columns=IMAGE:.spec.containers[0].image,NAME:.metadata.name,IP:.status.podIP
IMAGE               NAME            IP
sleepbusybox        sleep1          10.244.0.30
```

（3）查询容器日志。使用 kubectl logs 命令查询容器日志，代码如下：

`# kubectl logs < podName> [-c containerNameList]`

说明：可选参数项[-c containerNameList]用于指定一个容器的列表，如果不写此参数项，则会列出 Pod 内所有容器的日志。

（4）详细描述一个 Pod，代码如下：

`# kubectl describe pods/<podName>`

3．使用模板文件创建 Pod

（1）模板文件。模板文件是一种 yaml 格式的文件，yaml 文件的扩展名可以是 yaml 或 yml。

yaml 文件的书写规则如下。
- 通过空格（缩进）表示层次。
- 相同层级的元素左侧对齐即可。
- 项目列表使用"-"表示。
- 键值对使用"："分割（注意英文冒号后有一个空格）。
- 英文大小写敏感。
- 同一层级的项目不区分顺序。

例如，建立一个 busybox.ymal 文件，代码如下：

```
apiVersion: v1
kind: Pod
metadata:
  name: busybox
spec:
  containers:
  - image: busybox
    imagePullPolicy: IfNotPresent
    command: ["sleep","infinity"]
    name: busybox
```

在本例中，apiVersion、kind、metadata 和 spec 是同一层级的，所以它们是对齐的；name 是 metadata 的下一层，所以 name 相对于 metadata 有缩进；metadata 不是单值项，所以"："后没有值，而跟随了下一层的对象；containers 是一个列表。

下面再举例说明列表。例如，通过列表列出学生，因为学生有多个，所以学生可以构成一个列表，每个学生有 name 和 age。学生列表可以表示如下：

```
students:
- name: 张三
  age: 20
- name: 王五
  age: 21
- age: 22
  name: 李四
```

在学生列表中，每个学生有 name 和 age；"-"表示一个学生的开始，"-"与 students 对齐，但并不表示它们是同一层级的，而要看字母的缩进；name 和 age 是同一层级的，顺序无关紧要；所有 name 和 age 是同一层级的，所以它们是对齐的。

（2）应用模板文件。使用模板文件创建 Pod，代码如下：

#kubectl apply -f busybox.yml

（3）模板文件的可用字段。不同的资源有不同的字段，模板文件的可用字段有很多，对读者而言，无须记忆所有字段，有两种方法可以帮助我们书写模板文件。

1）从已有资源中导出 yaml 文件，代码如下：

#kubectl get pod/busybox -o yaml

然后以导出的 yaml 文件为模板进行修改。

2）使用 kuectl explain 命令。kuectl explain 命令可以逐层地显示可用字段，代码如下：

 # kuectl explain pod
 # kuectl explain pod.spec

说明：
- 字段中的数据类型包括以下几种。
  - <string>：字符串。
  - <integer>：整数。

- <boolean>：布尔值。
- <Object>：对象。
- <[]Object>：对象列表。
- <[]string>：字符列表。
- <map[string]string>：映射（键值对）。
- 如果某参数项有 "-required-" 标识，则说明此参数项是必要的。

4. 在 Pod 中执行命令

使用 kubectl exec 命令可以指定在 Pod 的某个容器中执行命令，代码如下：

```
# kubectl exec <podName> [-c <containerName>] -- command
```

如果 Pod 有多个容器，则可以通过 "-c <containerName>" 参数项指定在某个容器中执行命令，如果没有指定，则在第一个容器中执行命令。

下面举例说明，代码如下：

```
# kubectl exec busybox -- ps -A
PID      USER       TIME      COMMAND
1        root       0:00      sleep infinity
7        root       0:00      ps -A
# kubectl exec busybox -c busybox -- ip address
1: lo: <LOOPBACK,UP,LOWER_UP> mtu 65536 qdisc noqueue qlen 1000
    link/loopback 00:00:00:00:00:00 brd 00:00:00:00:00:00
    inet 127.0.0.1/8 scope host lo
       valid_lft forever preferred_lft forever
3: eth0@if70: <BROADCAST,MULTICAST,UP,LOWER_UP,M-DOWN> mtu 1450 qdisc noqueue
    link/ether 32:3a:93:e4:45:1c brd ff:ff:ff:ff:ff:ff
    inet 10.244.0.33/24 brd 10.244.0.255 scope global eth0
       valid_lft forever preferred_lft forever
```

5. 管理 Pod

（1）给 Pod 添加标签，代码如下：

```
# kubectl label pod <podName> KEY1=VAL1 … KEYn=VALn
```

（2）显示 Pod 的标签，代码如下：

```
# kubectl get pod <podName> --show-labels
```

（3）给 Pod 添加注释，代码如下：

```
# kubectl annotate pod <podName> KEY1=VAL1 … KEYn=VALn
```

（4）显示 Pod 的注释，代码如下：

```
# kubectl get pod <podName> -o yaml|json
```

（5）在线修改 Pod 的模板文件，代码如下：

```
# kubectl edit pod <podName>
```

（6）删除 Pod，代码如下：

```
#kubectl delete pod <podName>
```

运行中的 Pod 不能被删除，可以通过 "--force" 参数项强制删除。

【例 5-4】管理 Pod 操作实例。代码如下：

```
# kubectl get po
NAME      READY    STATUS     RESTARTS      AGE
busybox   1/1      Running    0             3h25m
# kubectl label pod busybox app=busybox name=test
pod/busybox labeled
# kubectl get pod busybox --show-labels
NAME       READY    STATUS    RESTARTS    AGE       LABELS
```

```
busybox        1/1      Running    1                3h28m       app=busybox,name=test,run=busybox
# kubectl annotate pod busybox annotate1=testpod
pod/busybox annotated
# kubectl get pod busybox -o yaml
……
metadata:
  annotations:
    annotate1: testpod
……
# kubectl delete pod busybox
```

6．Pod 的生命周期

Pod 有一个从创建到消亡的过程，Pod 的生命周期包括以下几个阶段。

- Pending：预备阶段，Pod 已被 Kubernetes 系统接受，但有一个或多个容器尚未被创建。
- Running：运行阶段，Pod 已经被绑定到了某个节点上，Pod 中所有的容器都已被创建。至少有一个容器仍在运行，或者正处于启动或重启状态。
- Completed：完成状态，Pod 中的所有容器都已成功终止，并且不会再重启。
- Failed：失败状态，Pod 中的所有容器都已终止，并且至少有一个容器因失败而终止。
- Unknown：未知状态，因为某些原因无法获取 Pod 的状态。

7．Pod 与名字空间

将 Pod 放入名字空间。创建 Pod 时，如果没有指定名字空间，那么创建的 Pod 对象将属于 default 名字空间。

将 Pod 放入特定的名字空间有两种方法：方法一，使用命令中的"--namespace"参数项；方法二，在模板文件中指定。

（1）使用"--namespace"参数项。

在 kubectl run 命令、kubectl create 命令、kubectl apply 命令中使用"--namespace"参数项指定名字空间，创建的资源实例将属于该名字空间。

（2）模板文件中的 namespace。在模板文件的 pod.metadata.namespace 参数项中指定名字空间。

【例 5-5】名字空间操作实例。代码如下：

```
# kubectl run busybox1 --image=busybox:latest --image-pull-policy=IfNotPresent --namespace=ns1 --sleep infinity
pod/busybox1 created
# kubectl get pods -n ns1
NAME            READY    STATUS     RESTARTS      AGE
busybox1        1/1      Running    0             6s
# vi busybox2.yaml
kind: Pod
apiVersion: v1
metadata:
  name: busybox2
  namespace: ns2
spec:
  containers:
  - name: c1
    image: busybox:latest
    imagePullPolicy: IfNotPresent
    command: ["sleep","infinity"]
# kubectl apply -f   busybox2.yaml
pod/busybox2 created
```

```
# kubectl get pods -n ns2
NAME          READY      STATUS          RESTARTS      AGE
busybox2      1/1        Running         0             18s
```

8．Pod 模板文件进阶

（1）Pod 中容器的镜像和名字。

参数项 spec.containers.image 用于指定容器的镜像，是必要项。

参数项 spec.containers.name 用于指定容器的名字，是必要项。

（2）Pod 的重启策略。

参数项 spec.restartPolicy 用于指定 Pod 的重启策略，取值有 Always、OnFailure 和 Never，默认值是 Always。

Always 表示总是重启，无论是系统重启时、容器出错时，还是容器被停止时，均会重启；Never 表示从不重启；OnFailure 表示容器出错时才重启，系统重启时和容器被停止时不重启。

（3）Pod 共享宿主机的网络名字空间、进程名字空间和主机名。

参数项 spec.hostNetwork 取值为 true 时，Pod 共享宿主机的网络名字空间。

参数项 spec.hostPID 取值为 true 时，Pod 共享宿主机的进程名字空间。

参数项 spec.hostname 取值为 true 时，Pod 共享宿主机的主机名。

（4）Pod 的镜像拉取策略。

参数项 spec.containers.imagePullPolicy 用于指定 Pod 的镜像拉取策略，取值有 Always、Never、IfNotPresent，默认值是 Always。

Always 表示总是从远程镜像仓库中拉取镜像。

Never 表示不从远程镜像仓库中拉取镜像，只在本地查找镜像。

IfNotPresent 表示本地没有镜像时从远程镜像仓库中拉取镜像。

（5）Pod 中容器的参数。

参数项 spec.containers.args 是<[]string>类型的，用于指定 ENTRYPOINT 的参数，会覆盖镜像中执行模式的 CMD 命令的设置。

（6）Pod 中容器的命令。

参数项 spec.containers.command 是<[]string>类型的，用于指定容器要运行的命令，会覆盖镜像中执行模式的 ENTRYPOINT 命令的设置。参数项 spec.containers.args 是<[]string>类型的，用于指定容器运行命令时的参数，会覆盖镜像中执行模式的 CMD 命令的设置。

（7）设置 Pod 中容器的环境变量。参数项 spec.containers.env 用于设置 Pod 中容器的环境变量。spec.containers.env 是<[]Object>类型的。

（8）设置 Pod 中容器要暴露的端口。参数项 spec.containers.ports 用于设置 Pod 中容器要暴露的端口。

【例 5-6】Pod 模板文件操作实例。代码如下：

```
#vi http.yaml
Kind: Pod
apiVersion: v1
metadata:
  name: podHttp
  namespace: default
spec:
  restartPolicy: Always
  containers:
  - name: httpd
    image: httpd:2.2.32
```

```
    imagePullPolicy: IfNotPresent
    ports:
      port: 80
      protocol: tcp
```

9. Init 容器

Init 容器是一种特殊的容器，在 Pod 内的应用容器启动之前运行。Init 容器的功能是设置 Pod 的环境。Pod 可以有一个或多个先于应用容器启动的 Init 容器。

5.3.3 Pod 存储

Pod 和容器一样，均不能存储数据，需要使用卷存储数据。一个 Pod 包括一个或多个容器，还可以包括多个卷。

1. 卷

（1）卷类型。Kubernetes 支持的卷类型非常多，主要有以下几类。

- 本地存储类：emptyDir、hostPath、local。
- 云服务类：awsElasticBlockStore、azureDisk、azureFile、cinder、gcePersistentDisk。
- 网络存储类：Cephfs、glusterfs、iSCSI、nfs。
- 特殊用途类：secret、configMap、downwardAPI。

（2）emptyDir 卷。emptyDir 卷用于创建一个空的目录作为卷，适合 Pod 内的容器共享数据。

【例 5-7】emptyDir 卷操作实例。

创建模板文件，代码如下：

```
# vi pod-vol-emptydir.yaml
kind: Pod
apiVersion: v1
metadata:
  name: pod-vol-emptydir
  labels:
    app: volumetest
spec:
  containers:
  - name: ct-vol-empty
    image: busybox:latest
    imagePullPolicy: IfNotPresent
    args: ["sleep","infinity"]
    volumeMounts:
    - name: vol1
      mountPath: /etc/vol1
  volumes:
  - name: vol1
    emptyDir: {}
```

创建 Pod，代码如下：

```
# kubectl apply -f pod-vol-emptydir
pod/pod-vol-emptydir created
```

查询 Pod 信息，代码如下：

```
# kubectl get pod pod-vol-emptydir
NAME                READY    STATUS    RESTARTS    AGE
pod-vol-emptydir    1/1      Running   0           12s
```

（3）hostPath 卷。hostPath 卷使用宿主机的目录作为卷。与 emptyDir 卷有所不同，emptyDir 卷会创建一个新的空目录，而 hostPath 卷会使用已经存在的目录。

【例 5-8】hostPath 卷操作实例。代码如下：

```
kind: Pod
apiVersion: v1
metadata:
  name: vol2
  labels:
    app: volumeTest
spec:
  containers:
  - image: 192.168.9.10/library/nginx:latest
    name: nginx
    imagePullPolicy: IfNotPresent
    volumeMounts:
    - mountPath: /usr/share/nginx/html
      name: html
  volumes:
  - name: html
    hostPath:
      path: /data/nginx/html
```

（4）NFS 卷。NFS 卷使用 NFS 共享目录作为卷。因为 NFS 卷是一种网络文件系统，当 Pod 被调度到不同节点时，可以继续使用 NFS 卷。

【例 5-9】NFS 卷操作实例。代码如下：

```
kind: Pod
apiVersion: v1
metadata:
  name: vol3
  labels:
    app: volumeTest
spec:
  containers:
  - image: 192.168.9.10/library/nginx:latest
    name: nginx
    imagePullPolicy: IfNotPresent
    volumeMounts:
    - mountPath: /usr/share/nginx/html
      name: html
  volumes:
  - name: html
    nfs:
      path: /data/nginx/html
      server: 192.168.9.10
```

2．持久卷

（1）持久卷与 Pod。

1）持久卷框架。本地存储类的卷，如 emptyDir、hostPath 和 local，只能在本地进行访问，这意味着只有本节点运行的 Pod 才能使用本地存储类的卷。这会带来以下两个问题。

- 运行于不同节点的 Pod 无法跨节点共享数据。
- 无法迁移数据，当 Pod 被调度到其他节点运行时，原来的卷不能随迁。

解决这一问题的方法就是使用网络存储。网络存储可以在不同的节点进行访问，当 Pod 被调度到其他节点运行时，卷依然能进行访问，这样保持了数据的连续性。

持久卷是定义在 Pod 之外的卷。为了使用持久卷，Kubernetes 增加了持久卷和持久卷申明两种资源。如图 5-2 所示，展示了 Pod、容器、卷、持久卷申明、持久卷的关系。

图 5-2　Pod、容器、卷、持久卷申明、持久卷的关系

持久卷定义了实际的卷，包括存储的物理位置和大小；持久卷申明定义了存储的类型、需求和规格；Pod 中的卷定义关联了持久卷申明，进而使用持久卷。

持久卷的使用分为绑定、使用、回收三个阶段。绑定阶段，系统根据持久卷申明的类型、需求和规格，寻找合适的持久卷进行绑定；使用阶段，Pod 挂载卷并使用；回收阶段，Pod 不再需要持久卷，进行回收。

在前面的 NFS 卷操作实例中，虽然已经在 Pod 中使用了 NFS 卷，但不能将其称为持久卷，因为卷定义在 Pod 内，Pod 消亡时，卷也随之消亡。

2）持久卷回收。在持久卷规范中，使用 persistentVolumeReclaimPolicy 设置持久卷的回收策略。持久卷的回收策略有 Retain、Delete 和 Recycle 三种，其中 Recycle 已被废弃，目前不再使用。

- Retain（删除）策略：Retain 策略需要用户手动回收资源。管理员可以按照下面的步骤手动回收持久卷。
  - 删除 PersistentVolume 对象。
  - 手动清除所关联的存储资产（如云盘）上的数据。
  - 手动删除所关联的存储资产。
- Delete（删除）策略：使用 Detete 策略后，将 PersistentVolume 对象删除。
- Recycle（循环）策略：已被废弃。

3）持久卷的存取模式。卷的存取模式通过规范的 accessModes 进行设置。卷的存取模式包括 ReadWriteOnce、ReadOnlyMany 和 ReadWriteMany 三种。

➢ ReadWriteOnce：卷可以被一个节点以读写方式挂载。
➢ ReadOnlyMany：卷可以被多个节点以只读方式挂载。
➢ ReadWriteMany：卷可以被多个节点以读写方式挂载。

4）持久卷架构的优点。之所以 Pod 要通过持久卷申明来使用持久卷，是因为这样做能够实现角色的分离。

用户无须关心具体的存储资源、物理位置和属性，只需通过持久卷申明提出请求。管理员负责持久卷的创建和管理，以及存储资源的管理。

（2）创建持久卷。

【例 5-10】使用 NFS 共享目录创建持久卷操作实例。代码如下：

```
kind: PersistentVolume
apiVersion: v1
metadata:
  name: pv1
spec:
  capacity:
    storage: 10Gi
  persistentVolumeReclaimPolicy: Retain
  accessModes:
  - ReadWriteOnce
  - ReadOnlyMany
```

```
nfs:
    server: 192.168.9.10
    path: /data/nginx/html
```

（3）创建持久卷申明。创建持久卷申明时"storageClass: """是必要的，其作用为将持久卷申明绑定到一个持久卷上，而不会根据存储类来动态创建存储类。

【例 5-11】创建持久卷申明操作实例。代码如下：

```
apiVersion: v1
kind: PersistentVolumeClaim
metadata:
    name: pvc1
spec:
    resources:
        requests:
            storage: 10Gi
    accessModes:
    - ReadWriteOnce
    storageClassName: ""
```

（4）在 Pod 中使用持久卷申明。

【例 5-12】在 Pod 中使用持久卷申明操作实例。代码如下：

```
kind: Pod
apiVersion: v1
metadata:
    name: pvtest
    labels:
        app: pvTest
spec:
    containers:
    - image: 192.168.9.10/library/nginx:latest
      name: nginx
      imagePullPolicy: IfNotPresent
      volumeMounts:
      - mountPath: /usr/share/nginx/html
        name: html
    volumes:
    - name: html
      persistentVolumeClaim:
          claimName: pvc1
```

3．动态卷

持久卷为 Pod 带来了可迁移、跨节点的存储方案，但美中不足的是需要管理员手动创建和管理卷，对于一个大型系统来说，这种任务是非常繁重的，响应时间也不能得到保证。动态卷就是为解决这一问题而提出的，动态卷可以让系统根据需要动态创建卷。

使用动态卷在持久卷申明和持久卷之间增加一个存储类资源，动态卷框架如图 5-3 所示。当有 Pod 需要持久化时，根据持久卷申明所关联的存储类动态创建持久卷。

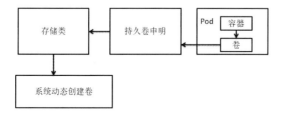

图 5-3　动态卷框架

下面以 NFS 持久卷为例说明动态卷的使用方法，前提是 NFS 服务器已准备好。

Kubernetes 没有为 NFS 提供制备程序（Provisioner），所以要借用一个容器作为中间件，容器使用镜像 quay.io/external_storage/nfs-client-provisioner:latest 进行创建。中间件一端访问 NFS 服务器，另一端为存储类提供制备程序。

使用 NFS 动态卷的步骤如下。

（1）准备 NFS 服务器（假设已准备好）。

（2）创建 RBAC 授权所需的 Serviceaccount、Role、ClusterRole、RoleBinding 和 ClusterRoleBinding。

（3）使用镜像 nfs-client-provisioner 创建 Pod，提供 NFS 制备程序。

（4）创建存储类。

（5）创建持久卷申明。

（6）在 Pod 中使用动态卷。

【例 5-13】使用 NFS 动态卷操作实例。

配置 apiserver 服务。修改/etc/kubernetes/manifests/kube-apiserver.yaml 文件，添加如下代码：

- --feature-gates=RemoveSelfLink=false。

执行如下代码：

 # kubectl apply -f /etc/kubernetes/manifests/kube-apiserver.yaml

创建 RBAC 授权所需的 Serviceaccount、Role、ClusterRole、RoleBinding 和 ClusterRoleBinding，代码如下：

```
# vi rbac.yaml
apiVersion: v1
kind: ServiceAccount
metadata:
  name: nfs-client-provisioner
  # replace with namespace where provisioner is deployed
  namespace: default
---
kind: ClusterRole
apiVersion: rbac.authorization.k8s.io/v1
metadata:
  name: nfs-client-provisioner-runner
rules:
  - apiGroups: [""]
    resources: ["persistentvolumes"]
    verbs: ["get", "list", "watch", "create", "delete"]
  - apiGroups: [""]
    resources: ["persistentvolumeclaims"]
    verbs: ["get", "list", "watch", "update"]
  - apiGroups: ["storage.k8s.io"]
    resources: ["storageclasses"]
    verbs: ["get", "list", "watch"]
  - apiGroups: [""]
    resources: ["events"]
    verbs: ["create", "update", "patch"]
---
kind: ClusterRoleBinding
apiVersion: rbac.authorization.k8s.io/v1
metadata:
  name: run-nfs-client-provisioner
subjects:
```

```
    - kind: ServiceAccount
      name: nfs-client-provisioner
      # replace with namespace where provisioner is deployed
      namespace: default
  roleRef:
    kind: ClusterRole
    name: nfs-client-provisioner-runner
    apiGroup: rbac.authorization.k8s.io
  ---
  kind: Role
  apiVersion: rbac.authorization.k8s.io/v1
  metadata:
    name: leader-locking-nfs-client-provisioner
    # replace with namespace where provisioner is deployed
    namespace: default
  rules:
    - apiGroups: [""]
      resources: ["endpoints"]
      verbs: ["get", "list", "watch", "create", "update", "patch"]
  ---
  kind: RoleBinding
  apiVersion: rbac.authorization.k8s.io/v1
  metadata:
    name: leader-locking-nfs-client-provisioner
    # replace with namespace where provisioner is deployed
    namespace: default
  subjects:
    - kind: ServiceAccount
      name: nfs-client-provisioner
      # replace with namespace where provisioner is deployed
      namespace: default
  roleRef:
    kind: Role
    name: leader-locking-nfs-client-provisioner
    apiGroup: rbac.authorization.k8s.io
```

使用镜像 nfs-client-provisioner 创建 Pod，提供 NFS 制备程序，代码如下：

 # vi deployment.yaml

```
apiVersion: apps/v1
kind: Deployment
metadata:
  name: nfs-client-provisioner
  labels:
    app: nfs-client-provisioner
  # replace with namespace where provisioner is deployed
  namespace: default
spec:
  replicas: 1
  strategy:
    type: Recreate
  selector:
    matchLabels:
      app: nfs-client-provisioner
  template:
    metadata:
      labels:
```

```
        app: nfs-client-provisioner
    spec:
      serviceAccountName: nfs-client-provisioner
      containers:
        - name: nfs-client-provisioner
          image: 192.168.9.10/library/nfs-client-provisioner:latest
          volumeMounts:
            - name: nfs-client-root
              mountPath: /persistentvolumes
          env:
            - name: PROVISIONER_NAME
              value: fuseim.pri/ifs
            - name: NFS_SERVER
              value: 192.168.9.10
            - name: NFS_PATH
              value: /share
      volumes:
        - name: nfs-client-root
          nfs:
            server: 192.168.9.10
            path: /share
```

创建存储类，代码如下：

```
#vi class.yaml
apiVersion: storage.k8s.io/v1
kind: StorageClass
metadata:
  name: managed-nfs-storage
provisioner: fuseim.pri/ifs
#与 nfs-provisioner 中的 env 变量 PROVISIONER_NAME 对应
parameters:
  archiveOnDelete: "false"
```

创建持久卷申明，代码如下：

```
#vi test-claim.yaml
kind: PersistentVolumeClaim
apiVersion: v1
metadata:
  name: test-claim
  annotations:
    volume.beta.kubernetes.io/storage-class: "managed-nfs-storage"
spec:
  accessModes:
    - ReadWriteMany
  resources:
    requests:
      storage: 1Mi
```

创建上述资源，代码如下：

```
# kubectl apply -f rbac.yaml
# kubectl apply -f deployment.yaml
# kubectl get deployment.apps/nfs-client-provisioner
# kubectl apply -f class.yaml
# kubectl apply -f test-claim.yaml
# kubectl get pvc,pv
# kubectl describe persistentvolume/pvc-9105515f-16b0-4b1f-9908-9f364f350c49
```

说明：命令中的 persistentvolume/pvc-9105515f-16b0-4b1f-9908-9f364f350c49 是 pv 名称，根据

实际结果进行替换。

在 Pod 中使用动态卷，代码如下：

```
# vi test-pod.yaml
kind: Pod
apiVersion: v1
metadata:
  name: test-pod
spec:
  containers:
  - name: test-pod
    image: 192.168.9.10/library/nginx:latest
    imagePullPolicy: IfNotPresent
    volumeMounts:
      - name: nfs-pvc
        mountPath: "/usr/share/nginx/html"
  restartPolicy: "Never"
  volumes:
    - name: nfs-pvc
      persistentVolumeClaim:
        claimName: test-claim
# kubectl apply -f test-pod.yaml
# kubectl get pod/test-pod -o wide
test-pod    1/1    Running    0        21s    10.244.1.45    node    <none>
```

进行测试，代码如下：

```
# echo test-nfs > /share/default-test-claim-pvc-9105515f-16b0-4b1f-9908-9f364f350c49/index.html
# curl 10.244.1.45
```

说明：10.244.1.45 是 test-pod 的 IP 地址，根据实际情况进行替换。

5.4　Service

5.4.1　端口转发

在介绍 Service 之前，我们先来了解端口转发的概念。端口转发的实质是将 Pod 的端口映射到主机的某个端口。

【例 5-14】端口转发操作实例。

创建一个 Pod，代码如下：

```
# kubectl run nginx1 --image=nginx:latest --port=80 --image-pull-policy=IfNotPresent
```

将 Pod 的 80 端口转发到 127.0.0.1 的 8000 端口，代码如下：

```
# kubectl   port-forward nginx1 8000:80
Forwarding from 127.0.0.1:8000 -> 80
Forwarding from [::1]:8000 -> 80
Handling connection for 8000
```

访问 127.0.0.1 的 8000 端口，代码如下：

```
# curl 127.0.0.1:8000
<!DOCTYPE html>
<html>
<head>
<title>Welcome to nginx!</title>
<style>
```

```
        body {
            width: 35em;
            margin: 0 auto;
            font-family: Tahoma, Verdana, Arial, sans-serif;
        }
    </style>
    </head>
    <body>
    <h1>Welcome to nginx!</h1>
    <p>If you see this page, the nginx web server is successfully installed and
    working. Further configuration is required.</p>
    <p>For online documentation and support please refer to
    <a href="http://nginx.org/">nginx.org</a>.<br/>
    Commercial support is available at
    <a href="http://nginx.com/">nginx.com</a>.</p>
    <p><em>Thank you for using nginx.</em></p>
    </body>
    </html>
```

在端口转发时，默认绑定 127.0.0.1，参数项"--address"可以指定绑定的 IP 地址。使用"--address 0.0.0.0"可以绑定宿主机的所有 IP 地址。

绑定宿主机的所有 IP 地址，代码如下：

```
# kubectl port-forward --address 0.0.0.0 pod/mypod 8000:80
```

绑定宿主机指定的 IP 地址，代码如下：

```
# kubectl port-forward --address 192.168.9.10 pod/mypod 8000:80
```

端口转发实现了通过宿主机 IP 地址访问 Pod。

5.4.2 端口暴露

kubectl expose 命令用于暴露端口。kubectl expose 命令的格式如下：

```
# kubectl expose TYPE NAME
    [--port=port] [--protocol=TCP|UDP|SCTP]
    [--target-port=number-or-name]
    [--name=name]
    [--external-ip=external-ip-of-service]
    [--type=type]
```

说明：

* TYPE NAME：指定资源类型和名称，如 pod pod1。
* [--port=port]：指定映射的端口。
* [--protocol=TCP|UDP|SCTP]：指定协议类型，默认是 TCP。
* [--target-port=number-or-name]：指定要暴露的 Pod 的端口。
* [--name=name]：创建的 Service 的名称。
* [--external-ip=external-ip-of-service]：外部 IP 地址。
* [--type=type]：创建的 Service 的类型。

暴露端口的 Pod 必须有 label，kubectl expose 命令的实质是创建了一个 Service，Service 根据 label 选择 Pod。

【例 5-15】暴露端口操作实例。

创建 Pod，代码如下：

```
# kubectl run nginx2 --image=nginx:latest --port=80 --image-pull-policy=IfNotPresent
--labels=app=nginx
```

暴露端口，代码如下：

```
# kubectl expose pod nginx2 --port=8000 --protocol=TCP --target-port=80
service/nginx2 exposed
```

查看创建的 Service，代码如下：

```
# kubectl get svc
NAME            TYPE        CLUSTER-IP        EXTERNAL-IP        PORT(S)       AGE
kubernetes      ClusterIP   10.96.0.1         <none>            443/TCP       67d
nginx2          ClusterIP   10.100.47.149     <none>            8000/TCP      35s
```

通过 Service 访问 Pod，代码如下：

```
# curl 10.100.47.149:8000
<!DOCTYPE html>
<html>
<head>
<title>Welcome to nginx!</title>
<style>
    body {
        width: 35em;
        margin: 0 auto;
        font-family: Tahoma, Verdana, Arial, sans-serif;
    }
</style>
</head>
<body>
<h1>Welcome to nginx!</h1>
<p>If you see this page, the nginx web server is successfully installed and
working. Further configuration is required.</p>
<p>For online documentation and support please refer to
<a href="http://nginx.org/">nginx.org</a>.<br/>
Commercial support is available at
<a href="http://nginx.com/">nginx.com</a>.</p>
<p><em>Thank you for using nginx.</em></p>
</body>
</html>
```

5.4.3　Service 概述

Service 是 Kubernetes 的一种资源，用于提供网络访问服务。在工作节点上，kube-proxy 负责实现 Service。

相比于 Pod，Service 有固定的 IP 地址，而 Pod 的 IP 地址是不固定的。如果 Pod 有多个副本，Service 还可以实现负载均衡。Service 和 Pod 的关系如图 5-4 所示。

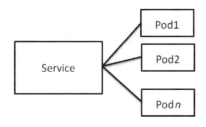

图 5-4　Service 和 Pod 的关系

Service 类型有 ClusterIP、NodePort、LoadBalancer 和 ExternalName，默认为 ClusterIP 类型。

5.4.4 ClusterIP 型 Service

ClusterIP 类型的 Service 是最常用的 Service，如果模板文件没有指定 Service 的类型，默认采用 ClusterIP 类型。

ClusterIP 类型的 Service 有一个集群内地址 ClusterIP。集群内地址是不能被外部访问的，所以 ClusterIP 类型的 Service 不能被外部访问。

Service 通过 spec.selector 设定的 label 查找 Pod。一个 Service 可以连接多个 Pod，并提供负载均衡功能。

Service 将 spec.ports.targetPort 指定的 Pod 的端口映射到 spec.ports.port 指定的 Service 的端口。

1. 创建 ClusterIP 类型的 Service

【例 5-16】ClusterIP 类型的 Service 操作实例。

创建模板文件，代码如下：

```
#vi svc-http.yaml
apiVersion: v1
kind: Service
metadata:
  name: svc-http
  namespace: default
spec:
  ports:
  - port: 8000
    protocol: TCP
    targetPort: 80
  selector:
  app: http
```

创建 Service，代码如下：

```
# kubectl apply -f svc-http.yaml
service/svc-http created
```

查看 Service，代码如下：

```
# kubectl get svc
NAME         TYPE        CLUSTER-IP       EXTERNAL-IP   PORT(S)    AGE
kubernetes   ClusterIP   10.96.0.1        <none>        443/TCP    67d
nginx2       ClusterIP   10.100.47.149    <none>        8000/TCP   25m
svc-http     ClusterIP   10.107.107.248   <none>        8000/TCP   7s
# kubectl get svc svc-http -o yaml
apiVersion: v1
kind: Service
metadata:
  ......
spec:
  clusterIP: 10.107.107.248
  clusterIPs:
  - 10.107.107.248
  ports:
  - port: 8000
    protocol: TCP
    targetPort: 80
  selector:
    app: http
  sessionAffinity: None
```

```
  type: ClusterIP
status:
  loadBalancer: {}
```

通过 Service 访问 Pod，代码如下：

```
# curl 10.107.107.248:8000
<html><body><h1>It works!</h1></body></html>
```

2．Pod 发现 Service 的方法

Pod 发现 Service 有两种方法。

- 通过环境变量发现 Service。在 Servic 之后创建的 Pod 中会有与 Service 相关的环境变量。
- 通过系统 DNS 发现 Service。可以通过查询 Service 的 FQDN 名称<serviceName>.<namespace>.svc.cluster.local 发现 Service。

【例 5-17】Pod 发现 Service 操作实例。代码如下：

```
# kubectl run busybox5 -ti --image=busybox:latest --image-pull-policy=IfNotPresent sh
/ # env
......
SVC_HTTP_PORT_8000_TCP_ADDR=10.107.107.248
SVC_HTTP_PORT_8000_TCP_PORT=8000
SVC_HTTP_PORT_8000_TCP_PROTO=tcp
SVC_HTTP_SERVICE_HOST=10.107.107.248
SVC_HTTP_PORT_8000_TCP=tcp://10.107.107.248:8000
......
```

说明：以 SVC_HTTP_ 为前缀的环境变量标识了服务 svc-http 的相关参数项。

```
/ # nslookup svc-http
Server:        10.96.0.10
Address:       10.96.0.10:53

Name:    svc-http.default.svc.cluster.local
Address: 10.107.107.248
```

3．Endpoints

Service 的 spec.selector 参数项定义了连接的后端 Pod。

Service 并非与 Pod 直接相连，而是通过 Endpoints 与 Pod 相连，如图 5-5 所示。

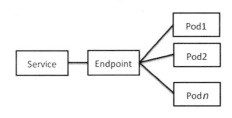

图 5-5　Service、Endpoints 和 Pod

创建 Service 时会创建同名的 Endpoints。通过 kubectl describe 命令发现 Service 包含一个 Endpoints。

【例 5-18】创建同名的 Endpoints 操作实例。代码如下：

```
# kubectl describe svc svc-http
Name:            svc-http
Namespace:       default
Labels:          <none>
Annotations:     <none>
Selector:        app=http
```

```
Type:               ClusterIP
IP Families:        <none>
IP:                 10.107.107.248
IPs:                10.107.107.248
Port:               <unset>   8000/TCP
TargetPort:         80/TCP
Endpoints:          10.244.0.93:80,10.244.0.96:80
Session Affinity:   None
Events:             <none>
```

在本例中，Endpoints: 10.244.0.93:80,10.244.0.96:80 有两个后端 IP 地址，对应两个后端 Pod。

4．sessionAffinity

Service 使用负载均衡管理后端的多个 Pod。对于来自同一客户端的访问，有时希望固定到同一个后端 Pod，这时可以通过 Service.spec.sessionAffinity 进行设置。Service.spec.sessionAffinity 的取值可以是 ClientIP 或 None。当取值是 ClientIP 时，会根据客户端的 IP 地址保持会话的稳定性。

5.4.5　ExternalName 型 Service

创建 Service 时如果没有指定 selector，就不会连接到后端的 Pod。可以通过创建一个同名的 Endpoints 连接后端的 Pod。

没有指定 selector 的 Service 的典型应用就是 ExternalName 类型的 Service。ExternalName 类型的 Service 通过 Endpoints 连接外部服务，让集群内部可以访问外部的服务。

首先创建一个类型为 ExternalName 的服务，不需要 selector。将 externalName 设置为外部服务的域名。再创建一个同名的 Endpoints，其中的 ip 参数项为外部服务的 IP 地址。设置完成后，在集群内通过<svcName>.default.svc.cluster.local 访问外部服务。

【例 5-19】ExternalName 类型的 Service 操作实例。代码如下：

```
apiVersion: v1
kind: Service
metadata:
  name: svce
spec:
  type: ExternalName
  externalName: www.126.com
  ports:
  - name: http
    port: 80
---
apiVersion: v1
kind: Endpoints
metadata:
  name: svce
  namespace: default
subsets:
- addresses:
  - ip: 123.126.96.210
  ports:
  - name: http
    port: 80
    protocol: TCP
```

5.4.6 NodePort 型 Service

NodePort 类型的 Service 实质上进行了端口映射，所以这种类型的 Service 是可以从外部访问的 Service。

【例 5-20】NodePort 类型的 Service 操作实例，代码如下：

```
# vi svc-http-nodeport.yaml
apiVersion: v1
kind: Service
metadata:
  name: svc-http-nodeport
  namespace: default
spec:
  type: NodePort
  ports:
  - port: 80
    targetPort: 80
    nodePort: 30888
  selector:
    app: http
```

创建 Service，代码如下：

```
# kubectl apply -f svc-http-nodeport.yaml
service/svc-http-nodeport created
```

进行访问，在浏览器的地址栏中输入 http://<ip of node>:30888，查询 Service，代码如下：

```
# kubectl get svc svc-http-nodeport
NAME                TYPE        CLUSTER-IP       EXTERNAL-IP   PORT(S)
svc-http-nodeport   NodePort    10.100.104.23    <none>        80:30888/TCP
```

在模板文件中定义 Service 时有三个端口，Port 对应 Service 端口，targetPort 对应 Pod 端口，nodePort 对应宿主机端口。nodePort 的取值范围为 30000～32767。

端口的映射过程是先将 Pod 端口映射到 Service（ClusterIP）端口，再从 Service 端口映射到宿主机端口。

因此，也可以通过 Service 的 ClusterIP 进行访问，代码如下：

```
# curl 10.100.104.23
<html><body><h1>It works!</h1></body></html>
```

5.4.7 LoadBalancer 型 Service

LoadBalancer 类型的 Service 也是一种允许外部访问的 Service。

LoadBalancer 类型的 Service 需要外部提供的负载均衡器。例如，部署在云计算环境中的 Kubernetes，可以使用云计算的 LoadBalancer。

请注意，必须设置外部负载均衡器，Service 会将 externalIP 设置的 IP 纳入外部的负载均衡器。

【例 5-21】LoadBalancer 类型的 Service 操作实例，代码如下：

```
# vi svc-lb.yaml
apiVersion: v1
kind: Service
metadata:
  name: svc-lb
  namespace: default
spec:
  type: LoadBalancer
  ports:
```

```
    - port: 8088
      targetPort: 80
  externalIPs:
  - 192.168.9.10
  - 192.168.9.11
  selector:
      app: http
```

查询 Service，代码如下：

```
# kubectl get svc svc-lb
NAME        TYPE            CLUSTER-IP      EXTERNAL-IP                 PORT(S)
svc-lb      LoadBalancer    10.98.171.53    192.168.9.10,192.168.9.11   8088:32635/TCP
```

5.4.8 Ingress

Ingress 是一种置于 Service 前端的资源。通过 Ingress 可以访问 Service。Ingress 与 Service 的关系如图 5-6 所示。

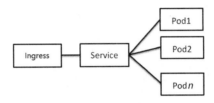

图 5-6 Ingress 与 Service 的关系

Ingress 依赖于 Ingress 控制器，Ingress 控制器是一个有代理功能的 Pod。Ingress 控制器有很多种，Ingress-nginx 是最常用的控制器。

（1）部署 Ingress-nginx 控制器，代码如下：

```
# kubectl apply –f
   https://raw.githubusercontent.com/kubernetes/ingress-nginx/master/deploy/static/mandatory.yaml
```

（2）创建一个允许外部访问的 Service，如 NodePort 类型的 Service，代码如下：

```
apiVersion: v1
kind: Service
metadata:
  name: svc-ingress
  namespace: ingress-nginx
spec:
  selector:
      app: ingress-nginx
  type: NodePort
  externalIPs:
  - 192.168.9.11
  ports:
  - name: http
    port: 80
    targetPort: 80
```

（3）创建 Ingress 资源，定义访问规则，代码如下：

```
apiVersion: networking.k8s.io/v1
kind: Ingress
metadata:
  name: ingress1
  annotations:
      nginx.ingress.kubernetes.io/rewrite-target: /
```

```
spec:
  rules:
  - host: www.ingress.com
    http:
      paths:
      - path: /
        pathType:Prefix
        backend:
          service:
            name: svc2
            port:
              number: 80
```

说明：

- name: svc2 是 Ingress 要连接的后端 Service。
- pathType: Prefix 指定路径的匹配方法，有 Prefix 和 Exact 两种选择；Prefix 要求前缀匹配即可，如 "/" 代表了所有 "/" 开头的路径，而 Exact 要求进行精确匹配。
- Ingress 是一种基于名称的 Web 虚拟主机，所以 host:www.ingress.com 指定的主机应当能够解析，并且解析所得的 IP 地址是可以访问的 IP 地址。

（4）Ingress 的实质。Ingress 的实质是建立了一个代理服务器，nginx-ingress-controller 的基础镜像是 nginx，nginx 是具有反向代理功能的 Web 服务器。Ingress 创建后，可以查询 nginx-ingress-controller 中配置文件的变化。代码如下：

```
# kubectl get pods -n ingress-ngin
# kubectl exec nginx-ingress-controller-7cd58c95f5-cwjzp -n ingress-nginx -- cat /etc/nginx/nginx.conf
```

可以看到以下查询结果：

```
## start server www.ingress.com
        server {
                server_name www.ingress.com ;
                listen 80   ;
        ......
        }
## end server www.ingress.com
```

（5）Ingress 中的 TLS。在 Ingress 中可以使用 TLS，详细内容见 5.7 节。

5.4.9　Headless Service

严格来说，Headless 不是一种 Service 类型，只是一种没有 ClusterIP 的 ClusterIP 类型的 Service。通过指定 spec.clusterIP 的值为 "None" 创建 Headless Service。

对于定义了选择算符的无头服务，Endpoint 控制器会在集群的 DNS 服务中配置 A 记录，返回后端 Pod 的 IP 地址，因此通过 Service 的域名可以访问后端 Pod。

对于没有定义选择算符的无头服务，Endpoint 控制器不会创建 DNS 记录。但 DNS 系统会查找和配置与 Service 同名的 Endpoints（如果有的话）记录，或 ExternalName 类型服务的 CNAME 记录。

▌▶ 5.5　Pod 副本控制

5.5.1　Deployment

1. 副本控制

Deployment 是一种副本控制资源。副本控制的目的是保证活动的 Pod 的数量和分布，从而保证应用的可用性。

副本控制资源有如下几种。

- Deployments：最主要的副本控制资源，用于一般目的。
- ReplicaSet：被 Deployments 代替，不建议使用。
- StatefulSets：可以保持 Pod 的状态。
- DaemonSet：可以在指定的节点上运行 Pod。
- Jobs：用于完成一次性的任务。
- CronJob：用于完成周期性的工作任务。
- ReplicationController：被 Deployments 代替，不建议使用。

2. 创建 Deployment

创建 Deployment 应使用模板文件。

【例 5-22】创建 Deployment 操作实例。

创建模板文件，代码如下：

```
# vi dp-http.yaml
kind: Deployment
apiVersion: apps/v1
metadata:
  name: dp-http
  labels:
    app: http
spec:
  replicas: 2
  selector:
    matchLabels:
      app: http
  template:
    metadata:
      name: pod-http
      labels:
        app: http
    spec:
      containers:
      - name: c-http
        image: httpd:2.2.31
        imagePullPolicy: IfNotPresent
        ports:
        - containerPort: 80
```

创建 Deployment，代码如下：

```
# kubectl apply -f dp-http.yaml
deployment.apps/dp-http created
```

查询 Deployment，代码如下：

```
# kubectl get deployment
NAME      READY   UP-TO-DATE   AVAILABLE   AGE
dp-http   2/2     2            2           28s
```

查询副本控制器，代码如下：

```
# kubectl get rs
NAME               DESIRED   CURRENT   READY   AGE
dp-http-65b8f484f7   2         2         2       55s
```

查询创建的 Pods，代码如下：

```
# kubectl get pods
NAME                        READY   STATUS    RESTARTS   AGE
dp-http-65b8f484f7-m2gp2    1/1     Running   0          66s
dp-http-65b8f484f7-xhv7q    1/1     Running   0          66s
```

查看 Deployment 上线状态，代码如下：

```
# kubectl rollout status deployment dp-http
deployment "dp-http" successfully rolled out
```

spec.selector 参数项用于定义 Deployment 如何查找要管理的 Pods，也就是说，符合 spec.selector 设定的 Pod 都会被 Deployment 管理。spec.selector 与 spec.template.metadata.labels 中的设置应保持一致。

spec.replicas 参数项定义了副本的数量。

3．更新 Deployment

使用 Deployment 管理副本的好处是可以对 Pod 进行在线修改。

（1）更新镜像。使用 kubectl set image 命令可以更新 Pod 的镜像，代码如下：

```
# kubectl set image deployment/<deploymentName> <containerName>=<imageNmae> [--record]
```

说明：参数项[--record]的作用是记录本次更新。

【例 5-23】更新镜像操作实例。代码如下：

```
# kubectl set image deployment/dp-http c-http=httpd:2.2.32 --record
```

（2）查询上线状态，代码如下：

```
# kubectl rollout status deployment/<deploymentName>
```

4．回滚 Deployment

（1）检查 Deployment 上线历史。kubectl rollout history 命令用于检查 Deployment 上线历史，代码如下：

```
# kubectl rollout history deployment/<deploymentName> [--revision=n]
```

说明：参数项[--revision=n]的作用是查询第 n 次上线的详细信息。

【例 5-24】检查 Deployment 上线历史操作实例。

查询上线历史，代码如下：

```
# kubectl rollout history deploy dp-http
deployment.apps/dp-http
REVISION     CHANGE-CAUSE
1            <none>
2            kubectl set image deploy/dp-http c-http=httpd:2.2.32 --record=true
```

查询第 2 次上线的详细信息，代码如下：

```
# kubectl rollout history deploy dp-http --revision=2
deployment.apps/dp-http with revision #2
Pod Template:
  Labels:      app=http
         pod-template-hash=6b7fdd6fd4
  Annotations:    kubernetes.io/change-cause: kubectl set image deploy/dp-http c-http=httpd:2.2.32
--record=true
  Containers:
   c-http:
    Image:      httpd:2.2.32
    Port:       80/TCP
    Host Port:  0/TCP
    Environment:       <none>
    Mounts:      <none>
   Volumes:      <none>
```

（2）回滚。kubectl rollout undo 命令用于回滚到之前的修订版本，代码如下：

```
# kubectl rollout undo deployment/<deploymentName> [--to-revision=n]
```

说明：参数项[--to-revision=n]指定回滚的上线版本，如果没有指定，则回滚到上一次。

【例 5-25】回滚操作实例。

回滚到上线版本 1，代码如下：

```
# kubectl rollout undo deployment/dp-http --to-revision=1
deployment.apps/dp-http rolled back
```

再次查询上线历史，代码如下：

```
# kubectl rollout history deployment/dp-http
deployment.apps/dp-http
REVISION        CHANGE-CAUSE
2               kubectl set image deploy/dp-http c-http=httpd:2.2.32 --record=true
3               <none>
```

5. 缩放 Deployment

kubectl scale 命令用于在线修改 Deployment 的副本数量，代码如下：

```
# kubectl scale deployment/<deploymentName> --replicas=n
```

【例 5-26】缩放 Deployment 操作实例。

查询 rs 和 Pod 信息，代码如下：

```
# kubectl get rs
NAME                        DESIRED         CURRENT         READY           AGE
dp-http-65b8f484f7          2               2               2               46h
# kubectl get pods
NAME                        READY           STATUS          RESTARTS        AGE
dp-http-65b8f484f7-4j8nh    1/1             Running         0               5m10s
dp-http-65b8f484f7-klqhs    1/1             Running         0               5m13s
```

缩放 dp-http 的副本数到 3，代码如下：

```
# kubectl scale deployment/dp-http --replicas=3
deployment.apps/dp-http scaled
```

再次查询 rs 和 Pod 信息，代码如下：

```
# kubectl get rs
NAME                        DESIRED         CURRENT         READY           AGE
dp-http-65b8f484f7          3               3               3               46h
# kubectl get pods
NAME                        READY           STATUS          RESTARTS        AGE
dp-http-65b8f484f7-4j8nh    1/1             Running         0               5m53s
dp-http-65b8f484f7-7bltx    1/1             Running         0               11s
dp-http-65b8f484f7-klqhs    1/1             Running         0               5m56s
```

6. 暂停、恢复 Deployment

（1）暂停 Deployment，代码如下：

```
# kubectl rollout pause deployment/<deploymentName>
```

（2）恢复 Deployment，代码如下：

```
# kubectl rollout resume deployment/<deploymentName>
```

5.5.2 StatefulSet

与 Deployment 类似，StatefulSet 可以管理具有相同容器规范的 Pod。

StatefulSet 为每个 Pod 维护了一个固定的 ID。

StatefulSet 必须为 Pod 配备持久卷作为存储，可以是动态卷或预先制备的持久卷。删除或收缩 StatefulSet 并不会删除它关联的存储卷，目的是保持存储的数据。

StatefulSet 还需要配备 Headless Service 来为 Pod 提供稳定的网络标识。

当删除 StatefulSets 时，StatefulSet 不保证终止相应的 Pod。

在默认的 Pod 管理策略中使用滚动更新，可能进入需要人工干预才能修复的损坏状态。

【例 5-27】StatefulSet 操作实例。代码如下：

```yaml
apiVersion: v1
kind: Service
metadata:
  name: nginx
  labels:
    app: nginx
spec:
  ports:
  - port: 80
    name: web
  clusterIP: None
  selector:
    app: nginx
---
apiVersion: apps/v1
kind: StatefulSet
metadata:
  name: web
spec:
  selector:
    matchLabels:
      app: nginx   # 必须匹配 spec.template.metadata.labels
  serviceName: "nginx"
  replicas: 3
  template:
    metadata:
      labels:
        app: nginx # 必须匹配 spec.selector.matchLabels
    spec:
      terminationGracePeriodSeconds: 10
      containers:
      - name: nginx
        image: nginx:latest
        ports:
        - containerPort: 80
          name: web
        volumeMounts:
        - name: www
          mountPath: /usr/share/nginx/html
  volumeClaimTemplates:
  - metadata:
      name: www
    spec:
      accessModes: [ "ReadWriteOnce" ]
      storageClassName: "my-storage-class"
      resources:
        requests:
          storage: 1Gi
```

对于 Pod 选择算符，必须设置 StatefulSet 的 spec.selector.matchLabels 参数项，并与在

spec.template.metadata.labels 中设置的标签相匹配。

5.5.3　DaemonSet

DaemonSet 可以确保在全部或某些节点上运行一个 Pod 副本。当节点加入集群时，也会在新节点上创建一个 Pod。当节点从集群中被移除时，这些 Pod 也会被回收。删除 DaemonSet 将会删除它所创建的所有 Pod。

Kubernetes 的网络插件 flannel 使用 DaemonSet 管理副本。

使用模板文件创建 DaemonSet。

【例 5-28】DaemonSet 模板文件操作实例。代码如下：

```
apiVersion: apps/v1
kind: DaemonSet
metadata:
  name: fluentd-elasticsearch
  labels:
    k8s-app: fluentd-logging
spec:
  selector:
    matchLabels:
      name: fluentd-elasticsearch
  template:
    metadata:
      labels:
        name: fluentd-elasticsearch
spec:
    tolerations:
    - key: node-role.kubernetes.io/master
      operator: Exists
      effect: NoSchedule
    containers:
    - name: fluentd-elasticsearch
      image: quay.io/fluentd_elasticsearch/fluentd:v2.5.2
      resources:
        limits:
          memory: 200Mi
        requests:
          cpu: 100m
          memory: 200Mi
      volumeMounts:
      - name: varlog
        mountPath: /var/log
      - name: varlibdockercontainers
        mountPath: /var/lib/docker/containers
        readOnly: true
    terminationGracePeriodSeconds: 30
    volumes:
    - name: varlog
      hostPath:
        path: /var/log
    - name: varlibdockercontainers
      hostPath:
        path: /var/lib/docker/containers
```

5.6　ConfigMap

1．ConfigMap

ConfigMap 是一种 API 资源，用于将非机密数据保存到键值对中。Pod 可以将 ConfigMap 用作环境变量、命令行参数或存储卷中的配置文件。

2．创建 ConfigMap

（1）基于目录创建 ConfigMap。在这种方式下，我们可以把目录中的键值对文件创建为 ConfigMap。

【例 5-29】基于目录创建 ConfigMap 操作实例。

创建一个目录，代码如下：

 # mkdir -p configmap/

在目录中创建两个文件，代码如下：

 # vi configmap/keystone.conf
auth_type=password
project_domain_name=Default
user_domain_name=Default
project_name=service
username=nova
password=000000
#vi configmap/vnc.conf
enabled=true
server_listen=my_ip
server_proxyclient_address=my_ip

创建 ConfigMap，代码如下：

 # kubectl create configmap configmap1 --from-file=configmap/
configmap/configmap1 created

显示 ConfigMap 的信息，代码如下：

 # kubectl describe configmaps configmap1
Name:　　　　configmap1
Namespace:　　default
Labels:　　　　<none>
Annotations:　<none>

Data
====
keystone.conf:
----
auth_type = password
project_domain_name = Default
user_domain_name = Default
project_name = service
username = nova
password = 000000

vnc.conf:
----
enabled = true
server_listen = my_ip

```
server_proxyclient_address = my_ip
#kubectl get configmaps configmap1 -o yaml
apiVersion: v1
data:
  keystone.conf: |
    auth_type = password
    project_domain_name = Default
    user_domain_name = Default
    project_name = service
    username = nova
    password = 000000
  vnc.conf: |
    enabled = true
    server_listen = my_ip
    server_proxyclient_address = my_ip
kind: ConfigMap
metadata:
  creationTimestamp: "2021-07-27T21:31:51Z"
  name: configmap1
  namespace: default
  resourceVersion: "50679"
  uid: 75f0967d-f035-4efe-a55b-8b61e57a63cc
```

（2）基于文件创建 ConfigMap。使用"--from-file"参数项，可以基于一个键值对文件创建 ConfigMap。

【例 5-30】基于文件创建 ConfigMap 操作实例。

使用文件创建 ConfigMap，代码如下：

 # kubectl create configmap configmap2 --from-file=configmap/keystone.conf

使用文件创建 ConfigMap 时，也可以为文件指定一个键，代码如下：

 # kubectl create configmap configmap3 --from-file=key1=configmap/keystone.conf

查询创建的 ConfigMap，代码如下：

```
# kubectl get configmap configmap2 -o yaml
apiVersion: v1
data:
  keystone.conf: |
    auth_type = password
    project_domain_name = Default
    user_domain_name = Default
    project_name = service
    username = nova
    password = 000000
kind: ConfigMap
......

# kubectl get configmap configmap3 -o yaml
apiVersion: v1
data:
  key1: |
    auth_type = password
    project_domain_name = Default
    user_domain_name = Default
    project_name = service
    username = nova
    password = 000000
kind: ConfigMap
......
```

（3）基于环境文件创建 ConfigMap。使用"--from-env-file"参数项可以基于环境文件创建 ConfigMap。对于环境文件中的"键=值"参数项，"="两边不能有空格。基于环境文件创建 ConfigMap，其文件名不能作为键。

【例 5-31】基于环境文件创建 ConfigMap 操作实例。

创建 ConfigMap，代码如下：

```
# kubectl create configmap configmap4 --from-env-file=configmap/keystone.conf
```

查询创建的 ConfigMap，代码如下：

```
# kubectl get configmap configmap4 -o yaml
apiVersion: v1
data:
  auth_type: password
  password: "000000"
  project_domain_name: Default
  project_name: service
  user_domain_name: Default
  username: nova
kind: ConfigMap
…...
```

（4）基于字面值创建 ConfigMap，代码如下：

```
# kubectl create configmap <name>
    --from-literal=Key1=Value1
    --from-literal= Key2=Value2 ......
```

【例 5-32】基于字面值创建 ConfigMap 操作实例。

创建 ConfigMap，代码如下：

```
# kubectl create configmap configmap5 --from-literal=user=admin --from-literal=age=20
configmap/configmap5 created
```

查询 ConfigMap，代码如下：

```
# kubectl get configmap configmap5 -o yaml
apiVersion: v1
data:
  age: "20"
  user: admin
```

3．使用 ConfigMap

（1）使用 Configpap 定义容器环境变量。使用 Configpap 定义容器环境变量时，可以将 ConfigMap 中指定的数据定义为容器环境变量，也可以将整个 ConfigMap 中的键定义为环境变量。

1）使用 ConfigMap 中的指定数据定义容器环境变量。

创建模板文件，代码如下：

```
# vi pod-config-1.yaml
apiVersion: v1
kind: Pod
metadata:
  name: pod-config-1
spec:
  containers:
    - name: pod-config-1
      image: busybox:latest
      imagePullPolicy: IfNotPresent
      command: [ "sleep", "infinity" ]
      env:
      - name: USER_NAME
```

```
            valueFrom:
              configMapKeyRef:
                name: configmap5
                key: user
```

创建 Pod，代码如下：

```
# kubectl apply -f pod-config-1.yaml
pod/pod-config-1 created
```

查询环境变量，代码如下：

```
# kubectl exec pod-config-1 -- env
......
USER_NAME=admin
......
```

2）将 Confimap 中的所有键值对配置为容器环境变量。

创建模板文件，代码如下：

```
# vi pod-config-2.yaml
apiVersion: v1
kind: Pod
metadata:
  name: pod-config-2
spec:
  containers:
    - name: pod-config-2
      image: busybox:latest
      imagePullPolicy: IfNotPresent
      command: [ "sleep", "infinity" ]
      envFrom:
      - configMapRef:
            name: configmap5
```

创建 Pod，代码如下：

```
# kubectl apply -f pod-config-2.yaml
pod/pod-config-2 created
```

查询环境变量，代码如下：

```
# kubectl exec pod-config-2 -- env
......
user=admin
age=20
......
```

3）在 Pod 命令中使用 ConfigMap。首先将 ConfigMap 设置为环境变量，然后在命令中引用环境变量。

【例 5-33】在 Pod 命令中使用 ConfigMap 操作实例。

创建模板文件，代码如下：

```
# vi pod-config-3.yaml
apiVersion: v1
kind: Pod
metadata:
  name: pod-config-3
spec:
  containers:
    - name: pod-config-3
      image: 192.168.9.10/library/busybox
      imagePullPolicy: IfNotPresent
      command: [ "/bin/sh", "-c", "echo $(USER_NAME)" ]
```

```
    env:
    - name: USER_NAME
      valueFrom:
        configMapKeyRef:
          name: configmap5
          key: user
  restartPolicy: Never
```

创建 Pod，代码如下：

 # kubectl apply -f pod-config-3.yaml
pod/pod-config-3 created

进行验证，代码如下：

 # kubectl logs pod-config-3
admin

（2）使用 ConfigMap 填充数据卷。在 Pod 内使用 volumes.onfigMap.name 指定一个 ConfigMap 作为卷。

【例 5-34】使用 ConfigMap 填充数据卷操作实例。

创建模板文件，代码如下：

 # vi pod-config-4.yaml
```
apiVersion: v1
kind: Pod
metadata:
  name: pod-config-4
spec:
  containers:
    - name: pod-config-4
      image: busybox:latest
      imagePullPolicy: IfNotPresent
      command: [ "sleep", "infinity" ]
      volumeMounts:
      - name: config-volume
        mountPath: /etc/config
  volumes:
    - name: config-volume
      configMap:
        name: configmap1
```

创建 Podcast，代码如下：

 # kubectl apply -f pod-config-4.yaml
pod/pod-config-4 created

查看数据卷内的文件，代码如下：

 # kubectl exec pod-config-4 -- ls -l /etc/config
```
total 0
lrwxrwxrwx    1 root   root   20 Jul 27 22:40    keystone.conf -> ..data/keystone.conf
lrwxrwxrwx    1 root   root   15 Jul 27 22:40    vnc.conf -> ..data/vnc.conf
```

▐▶ 5.7 Secret

1. Secret 资源类型概述

Secret 资源类型用于保存敏感信息，如密码、令牌和 SSH 密钥。将这些信息放在 Secret 中比放在 Pod 的模板文件或容器镜像中更加安全、灵活。

Secret 有很多种类型，Kubernetes 支持的 Secret 类型见表 5-1。

表 5-1　Kubernetes 支持的 Secret 类型

内 置 类 型	用　　法
Opaque	用户定义的任意数据
kubernetes.io/service-account-token	服务账号令牌
kubernetes.io/dockercfg	*/.dockercfg 文件的序列化形式
kubernetes.io/dockerconfigjson	*/.docker/config.json 文件的序列化形式
kubernetes.io/basic-auth	用于基本身份认证的凭据
kubernetes.io/ssh-auth	用于 SSH 身份认证的凭据
kubernetes.io/tls	用于 TLS 客户端或服务器端的数据
bootstrap.kubernetes.io/token	启动引导令牌数据

2. Opaque 型 Secret

当需要提供诸如用户名和密码等简单的认证信息时，可以使用 Opaque 型 Secret。

（1）创建 Opaque 型 Secret。

1）使用命令创建 Opaque 型 Secret。可以从字面量创建 Opaque 型 Secret，也可以从文件创建 Opaque 型 Secret。

【例 5-35】使用命令从字面量创建 Opaque 型 Secret 操作实例。代码如下：

```
# kubectl create secret generic opaque-secret \
    --from-literal=username=devuser \
    --from-literal=password='123456'
```

【例 5-36】使用命令从文件量创建 Opaque 型 Secret 操作实例。

创建文件，代码如下：

```
# echo -n 'admin' > ./username.txt
# echo -n '1f2d1e2e67df' > ./password.txt
```

创建 Secret，代码如下：

```
# kubectl create secret generic db-user-pass    --from-file=./username.txt    --from-file=./password.txt
```

2）使用模板文件创建 Opaque 型 Secret。

【例 5-37】使用模板文件创建 Opaque 型 Secret 操作实例。代码如下：

```
# vi opaque-secret-1.yaml
apiVersion: v1
kind: Secret
metadata:
    name: opaque-secret-1
type: Opaque
data:
    username: YWRtaW4=
    password: MWYyZDFlMmU2N2Rm
```

模板文件中的 type 参数项可以指明 Secret 的类型是 Opaque，type 参数项也可以省略，因为 Opaque 是默认的类型。

上述模板文件的 data 参数项中的数据使用 base64 编码，若想获得一个字符串的 base64 编码，可以简单地使用 base64 命令，代码如下：

```
# echo '123456' | base64
```

解码 base64 编码字符串使用"--decode"参数项，代码如下：

```
# echo 'MWYyZDFlMmU2N2Rm' | base64 --decode
```

如果不想在 Secret 模板文件中使用 base64 编码，那么使用 stringData 代替 data 即可。

【例 5-38】不使用 base64 编码的模板文件操作实例。代码如下：

```
# vi opaque-secret-2.yaml
apiVersion: v1
kind: Secret
metadata:
  name: opaque-secret-2
type: Opaque
stringData:
    username: admin
password: "123456"
```

说明：因为 password 字符串以数字开头，所以使用引号引起来。

在 Secret 中不仅可以包含键值对，还可以包含文件。

【例 5-39】包含文件的操作实例。代码如下：

```
# vi Opaque-secret-3.yaml
apiVersion: v1
kind: Secret
metadata:
  name: opaque-secret-3
type: Opaque
stringData:
  config.yaml: |
    apiUrl: "https://my.api.com/api/v1"
    username: admin
    password: 123456
```

（2）查询 Opaque 型 Secret。查询之前创建的 Secret。

查询 Secret 列表，代码如下：

```
# kubectl get secret
NAME                  TYPE                                    DATA    AGE
default-token-8c7wd   kubernetes.io/service-account-token     3       66d
opaque-secret         Opaque                                  2       113m
opaque-secret-1       Opaque                                  2       108m
opaque-secret-2       Opaque                                  2       101m
opaque-secret-3       Opaque                                  1       97m
```

查询 Secret 详情，代码如下：

```
# kubectl get secret opaque-secret -o yaml
apiVersion: v1
data:
  password: MTIzNDU2
  username: ZGV2dXNlcg==
kind: Secret
metadata:
  creationTimestamp: "2021-07-27T15:15:50Z"
  name: opaque-secret
  namespace: default
  resourceVersion: "41657"
  uid: 949e1c98-e933-4b22-8594-3b2df14c7ef9
type: Opaque
```

3．以卷的形式使用 Secret

（1）以卷的形式使用 Secret。

创建模板文件，代码如下：

```
# vi pod-secret.yaml
```

```
apiVersion: v1
kind: Pod
metadata:
  name: pod-secret
spec:
  containers:
  - name: pod-secret
    image: busybox:latest
    imagePullPolicy: IfNotPresent
    args: ["sleep","infinity"]
    volumeMounts:
    - name: foo
      mountPath: "/etc/foo"
      readOnly: true
  volumes:
  - name: foo
    secret:
      secretName: opaque-secret
```

模板文件中的 volumes 引用了 opaque-secret，并将卷挂载在/etc/foo 上。

创建 Pod，代码如下：

```
# kubectl apply -f pod-secret.yaml
pod/pod-secret created
```

查询卷的内容，代码如下：

```
# kubectl exec pod-secret -- ls /etc/foo
password
username
```

在挂载点发现两个文件，文件名刚好是创建 Secret 的键。

进一步查看文件的内容，代码如下：

```
# kubectl exec pod-secret -- cat /etc/foo/username
devuser
```

（2）将 Secret 键名映射到特定路径和文件。

创建模板文件，代码如下：

```
# vi pod-secret-1.yaml
apiVersion: v1
kind: Pod
metadata:
  name: pod-secret-1
spec:
  containers:
  - name: pod-secret-1
    image: busybox:latest
    imagePullPolicy: IfNotPresent
    args: ["sleep","infinity"]
    volumeMounts:
    - name: foo
      mountPath: "/etc/foo"
      readOnly: true
  volumes:
  - name: foo
    secret:
      secretName: opaque-secret
      items:
```

```
    - key: username
      path: u/username
```

模板文件中 volumes.secret.items 的 key 和 path，将特定的键映射到指定的文件。

创建 Pod，代码如下：

```
# kubectl apply -f    pod-secret-1.yaml
pod/pod-secret-1 created
```

查看文件和内容，代码如下：

```
# kubectl exec    pod-secret-1 -- ls /etc/foo/u/username -l
-rw-r--r--    1 root      root      7 Jul 27 15:59 /etc/foo/u/username
# kubectl exec    pod-secret-1 -- cat /etc/foo/u/username
devuser
```

（3）opaque-secret-3 用于将文件创建为 Secret。

创建模板文件，代码如下：

```
# vi pod-secret-3.yaml
apiVersion: v1
kind: Pod
metadata:
  name: pod-secret-3
spec:
  containers:
  - name: pod-secret-3
    image: busybox:latest
    imagePullPolicy: IfNotPresent
    args: ["sleep","infinity"]
    volumeMounts:
    - name: foo
      mountPath: "/etc/foo"
      readOnly: true
  volumes:
  - name: foo
    secret:
      secretName: opaque-secret-3
```

创建 Pod，代码如下：

```
# kubectl apply -f pod-secret-3.yaml
pod/pod-secret-3 created
```

查看文件，代码如下：

```
# kubectl exec pod-secret-3 -- ls /etc/foo
config.yaml
# kubectl exec pod-secret-3 -- cat /etc/foo/config.yaml
apiUrl: "https://my.api.com/api/v1"
username: admin
password: 123456
```

4．以环境变量的形式使用 Secret

可以把 Secret 中的键值对映射到容器的环境变量。

【例 5-39】以环境变量的形式使用 Secret 操作实例。

创建模板文件，代码如下：

```
# vi pod-secret-env.yaml
apiVersion: v1
kind: Pod
metadata:
```

```
    name: pod-secret-env
spec:
  containers:
  - name: pod-secret-env
    image: busybox:latest
    imagePullPolicy: IfNotPresent
    args: ["sleep","infinity"]
    env:
      - name: SECRET_USERNAME
        valueFrom:
          secretKeyRef:
            name: opaque-secret
            key: username
      - name: SECRET_PASSWORD
        valueFrom:
          secretKeyRef:
            name: opaque-secret
            key: password
```

说明：模板文件中的 containers.env.name 定义了环境变量，valueFrom.secretKeyRef.name 指定了环境变量的源 secret，valueFrom.secretKeyRef. key 指定了 secret 的 key。

创建 Pod，代码如下：

```
# kubectl apply -f pod-secrete-env.yaml
pod/pod-secret-env created
```

查询 Pod 中的环境变量，代码如下：

```
# kubectl exec pod-secret-env -- env
……
SECRET_USERNAME=devuser
SECRET_PASSWORD=123456
……
```

5. 为 Docker 配置 Secret

创建 Pod 时需要从镜像仓库中拉取镜像，有些镜像仓库是需要认证信息的。可以通过为 Docker 配置 Secret 的方法解决。

有两种类型的 Docker Secret，kubernetes.io/dockercfg 用于保存*/.dockercfg 文件的内容，kubernetes.io/dockerconfigjson 用于保存 json 格式文件的内容，如 Harbao 镜像仓库的认证配置文件 */.docker/config.json。

（1）创建 Docker Secret。创建 Docker Secret 可以使用命令和模板文件。

【例 5-40】使用命令创建 Docker Secret 操作实例。代码如下：

```
# kubectl create secret docker-registry docker-secret --namespace=default
    --docker-server=192.168.9.10 --docker-username=admin --docker-password=Harbor123456
```

说明：在上述代码中，docker-registry 是类型，docker-secret 是 secrete 的名字，--namespace 指定名字空间，--docker-server 指定 Harbor 服务器的地址，--docker-username 指定用户名，--docker-password 指定密码。

【例 5-41】使用模板文件创建 Docker Secret 操作实例。

创建模板文件，代码如下：

```
# vi docker-secret.yaml
apiVersion: v1
kind: Secret
metadata:
  name: docker-secret
  namespace: default
```

```
type: kubernetes.io/dockerconfigjson
data:
.dockerconfigjson: {base64 -w 0 ~/.docker/config.json}
```
创建 Secret，代码如下：
#kubectl apply -f docker-secret.yaml

（2）Docker Secret。我们可以在 Pod 或 Serviceaccount 中引用 Secret。在 Pod 中，参数项 pod.spec. imagePullSecrets.name 指定 Docker Secret 名字；在 Serviceaccount 中，参数项 serviceaccount. imagePullSecrets.name 指定 Docker Secret 名字。

6. TLS 型 Secret

TLS 型 Secret 的本质是将 TLS 访问证书放入 Secret。

以在 Ingress 中使用 TLS 为例说明 TLS 型 Secret 的创建和使用方法。

【例 5-42】在 Ingress 中使用 TLS 的操作实例。

创建私钥和证书，代码如下：
 # openssl genrsa -out tls.key 2048
 # openssl req -new -x509 -key tls.key -out tls.cert -days 360 -subj /CN=example.com
创建 Secret，代码如下：
 # kubectl create secret tls-secret --certs=tls.cert --key=tls.key
创建 Ingress，使用 Secret，代码如下：
```
apiVersion: networking.k8s.io/v1
kind: Ingress
metadata:
  name: ingress1
  annotations:
    nginx.ingress.kubernetes.io/rewrite-target: /
spec:
  tls:
  - hosts:
    - www.ingress.com
    secretName: tls-secret
  rules:
  - host: www.ingress.com
    http:
      paths:
      - path: /
        pathType:    Prefix
        backend:
          service:
            name: svc2
            port:
              number: 80
```

5.8　Pod 安全

Pod 安全管理包括 Pod 对宿主机的访问安全，以及 Pod 对 apiServer 的访问安全。
Kubernetes 的所有组件（包括命令行工具），相互之间并不直接通信，而通过 apiServer 进行通信。

5.8.1　安全上下文

安全上下文（Security Context）定义 Pod 或 Container 的特权与访问控制设置。安全上下文包括但不限于以下几项。

- 自主访问控制（Discretionary Access Control）：基于用户 ID（UID）和组 ID（GID）判定访问权限。
- 安全性增强的 Linux（SELinux）：为对象赋予安全性标签。
- 以特权模式或非特权模式运行。
- Linux 权能：为进程赋予 root 用户部分特权。
- AppArmor：使用程序框架限制个别程序的权能。
- Seccomp：过滤进程的系统调用。
- AllowPrivilegeEscalation：控制进程是否可以获得超出其父进程的特权。
- readOnlyRootFilesystem：以只读方式加载容器的根文件系统。

【例 5-43】Pod 安全上下文操作实例。

（1）为 Pod 设置安全上下文，代码如下：

```
apiVersion: v1
kind: Pod
metadata:
  name: security-context-demo
spec:
  securityContext:
    runAsUser: 1000
    runAsGroup: 3000
    fsGroup: 2000
  volumes:
  - name: sec-ctx-vol
    emptyDir: {}
  containers:
  - name: sec-ctx-demo
    image: busybox
    command: [ "sh", "-c", "sleep 1h" ]
    volumeMounts:
    - name: sec-ctx-vol
      mountPath: /data/demo
    securityContext:
      allowPrivilegeEscalation: false
```

（2）为容器设置安全上下文，代码如下：

```
apiVersion: v1
kind: Pod
metadata:
  name: security-context-demo-2
spec:
  securityContext:
    runAsUser: 1000
  containers:
  - name: sec-ctx-demo-2
    image: gcr.io/google-samples/node-hello:1.0
    securityContext:
      runAsUser: 2000
      allowPrivilegeEscalation: false
```

（3）为容器设置系统权能，代码如下：

```
apiVersion: v1
kind: Pod
metadata:
```

```
      name: security-context-demo-3
spec:
  containers:
  - name: sec-ctx-4
    image: gcr.io/google-samples/node-hello:1.0
    securityContext:
      capabilities:
        add: ["NET_ADMIN", "SYS_TIME"]
```

（4）查看系统权能，代码如下：

#kubectl exec security-context-demo-4 -- cat /proc/1/status

5.8.2　Kubernetes API 访问控制

1. RBAC 鉴权

API 访问控制采用了 RBAC 鉴权。基于角色（Role）的 RBAC 是一种基于用户角色的控制访问计算机或网络资源的方法。

要启用 RBAC，必须在启动 API 服务器时配置"--authorization-mode"参数项的列表并确保其中包含 RBAC。如果其中没有 RBAC，则可以修改文件 /etc/kubernetes/manifests/kube-apiserver.yaml，增加相应内容。代码如下：

 # vi /etc/kubernetes/manifests/kube-apiserver.yaml |grep authorization-mode
- --authorization-mode=Node,RBAC

修改完成后，执行如下代码：

 # kubectl apply -f /etc/kubernetes/manifests/kube-apiserver.yaml

Kubernetes 的 RBAC 访问控制声明了 4 种对象：Role、ClusterRole、RoleBinding 和 ClusterRoleBinding，它们的关系如图 5-7 所示。

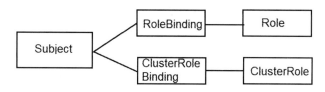

图 5-7　RBAC 的 4 种对象的关系

RBAC 的 4 种对象有如下关系。

➢ Subject 可以是 Group、User 或 ServiceAccount。

➢ 其中，Group 是系统定义的 User 或 ServiceAccount 的组。

➢ Role 和 ClusterRole 是一种权限包，可以包含多种权限。

➢ Subject 通过 RoleBinding 和 ClusterRoleBinding 分别与 Role 或 ClusterRole 绑定，从而实现权限的设置。

➢ Pod 通过与 ServiceAccount 关联获得授权。

➢ 其他用户（如客户端工具）通过与 User 关联获得授权。

➢ User 和 ServiceAccount 的权限包含通过绑定的 Role 或 ClusterRole 获得的权限及其所属的组的权限。

2. Role 和 ClusterRole

RBAC 的 Role 和 ClusterRole 是一种权限包，可以包含多种权限。

Role 是名字空间相关的资源，用于为某个名字空间的对象设置访问权限。创建 Role 时，必须指定该 Role 所属的名字空间。

ClusterRole 是一个集群范围的资源，不与名字空间关联。ClusterRole 设置集群层面的权限，包括为名字空间无关的对象和特定的名字空间的对象定义访问权限。

Role 和 ClusterRole 能够规范使用 rules 设置权限，rules 包含以下参数项。

> apiGroups <[]string>：资源的 API 组列表。资源的 API 组可以通过 kubectl api-resources 命令的输出结果的 APIVERSION 列找到，APIVERSION 列的形式是 "api 组/版本"，如果没有显示 api 组，则说明该组是核心组，使用""表示；*匹配所有 API 组。

> nonResourceURLs <[]string>：通过 URL 路径访问的非资源类型，如"/api"。

> resourceNames <[]string>：资源实例名，如 mypod。

> resources <[]string>：资源类型名，如 pods。

> verbs <[]string> -required-：动作。API 资源请求动词有 get、list、create、update、patch、watch、proxy、redirect、delete 和 deletecollection ；非资源类型的 HTTP 请求动词有 get、post、put 和 delete。

【例 5-44】Role 和 ClusterRole 操作实例。代码如下：

```
apiVersion: rbac.authorization.k8s.io/v1
kind: Role
metadata:
  namespace: default
  name: pod-reader
rules:
- apiGroups: [""] # "" 标明 core API 组
  resources: ["pods"]
  verbs: ["get", "watch", "list"]
---
apiVersion: rbac.authorization.k8s.io/v1
kind: ClusterRole
metadata:
  name: secret-reader
rules:
- apiGroups: [""]
  resources: ["secrets"]
  verbs: ["get", "watch", "list"]
```

3. RoleBinding 和 ClusterRoleBinding

RoleBinding（角色绑定）指将角色与一个 User、Group 或 Serviceaccount 进行绑定。与角色绑定的 User、Group 或 Serviceaccount 将获得角色所包含的权限。

RoleBinding 在指定的名字空间中执行授权，而 ClusterRoleBinding 在集群范围内执行授权。

一个 RoleBinding 可以引用同一名字空间中的其他 Role，或者引用 ClusterRole。

API 服务器创建一组默认的 ClusterRole 和 ClusterRoleBinding 对象。

【例 5-45】RoleBinding 操作实例。代码如下：

```
kind: RoleBinding
apiVersion: rbac.authorization.k8s.io/v1
metadata:
  name: leader-locking-nfs-client-provisioner
subjects:
  - kind: ServiceAccount
name: nfs-client-provisioner #下面的 namespace 可以根据实际情况更换
    namespace: default
roleRef:
```

```
kind: Role
name: leader-locking-nfs-client-provisioner
apiGroup: rbac.authorization.k8s.io
```
ClusterRoleBinding 操作实例，代码如下：
```
kind: ClusterRoleBinding
apiVersion: rbac.authorization.k8s.io/v1
metadata:
  name: run-nfs-client-provisioner
subjects:
  - kind: ServiceAccount
    name: nfs-client-provisioner
    namespace: default
roleRef:
  kind: ClusterRole
  name: nfs-client-provisioner-runner
  apiGroup: rbac.authorization.k8s.io
```

4．Pod 与 ServiceAccount

（1）Pod 与之 ServiceAccount 的关系。Pod 通过与之关联的 ServiceAccount 获得授权，Pod 使用 spec.serviceAccountName 参数项与 ServiceAccount 关联。

【例 5-46】Pod 关联 ServiceAccount 的操作实例。代码如下：
```
kind: Pod
apiVersion: v1
metadata:
  name: rbac-pod1
spec:
  serviceAccountName: sa-demo-1
  containers:
  - name: rbac-pod-c1
    image: nginx:latest
    imagePullPolicy: IfNotPresent
    command: ["sleep","infinity"]
```
Pod 只能与一个 ServiceAccount 关联。如果 Pod 没有显式关联 ServiceAccount，则使用名字空间默认的 ServiceAccount。每个名字空间都有一个默认的名为 default 的 ServiceAccount。

查询 ServiceAccount，代码如下：
```
# kubectl get serviceaccount
NAME        SECRETS     AGE
default      1           64d
```
当 Pod 与一个 ServiceAccount 关联后，Pod 的/var/run/secrets/kubernetes.io/serviceaccount/目录中有三个文件，即 ca.crt、namespace 和 token，对应存放关联 ServiceAccount 的证书、名字空间和令牌。当容器访问 API Server 时，这些文件提供认证的相关信息。

查看/var/run/secrets/kubernetes.io/serviceaccount/目录中有三个文件，代码如下：
```
# kubectl exec -it rbac-pod1 -- ls /var/run/secrets/kubernetes.io/serviceaccount/
ca.crt   namespace   token
```
（2）创建 ServiceAccount。

1）使用命令创建 ServiceAccount，代码如下：
```
# kubectl create serviceaccount <name> --namespace=<namespace>
```
2）使用模板文件创建 ServiceAccount。代码如下：
```
kind: ServiceAccount
apiVersion: v1
metadata:
```

```
    labels:
        app: test
    name: sa1
    namespace: ns1
```

（3）ServiceAccount 与角色绑定。ServiceAccount 可以通过 RoleBinding 和 ClusterRoleBinding 与角色绑定，ServiceAccount 还可以与 Secret 关联。

在 ClusterRole 和 ClusterRoleBinding 对象中，subjects 用于指定 ServiceAccount，roleRef 用于指定 Role 或 oleBinding。

【例 5-47】角色绑定操作实例。代码如下：

```
subjects:
    - kind: ServiceAccount
        name: nfs-client-provisioner
namespace: default
roleRef:
    kind: ClusterRole
    name: nfs-client-provisioner-runner
    apiGroup: rbac.authorization.k8s.io
```

5. Kubernetes User

Pod 和 User 可以访问 API Server 的对象。Kubernetes 客户端工具（如 kubectl）通过 User 访问 API Server。

（1）Config。Config 是为客户端工具配置信息的实体。Config 配置信息默认保存在*/.kube/config 文件中，环境变量 KUBECONFIG 可以指定多个 Config 文件。kubectl config view 命令可以查看 Config 配置信息。代码如下：

```
# kubectl config view
apiVersion: v1
clusters:
- cluster:
        certificate-authority-data: DATA+OMITTED
        server: https://192.168.9.10:6443
    name: kubernetes
contexts:
- context:
        cluster: kubernetes
        user: kubernetes-admin
    name: kubernetes-admin@kubernetes
current-context: kubernetes-admin@kubernetes
kind: Config
preferences: {}
users:
- name: kubernetes-admin
    user:
        client-certificate-data: REDACTED
        client-key-data: REDACTED
```

从上述结果中可以清晰地看出，Config 由 Clusters、Contexts 和 Users 三部分组成。

（2）Cluster 集群。Config 中的 Clusters 定义了多个 Cluster（集群），每个 Cluster 有认证数据 certificate-authority-data、API Server 地址和名字。

（3）User。Config 中的 Users 定义了多个 User，每个 User 有名字、认证证书 client-certificate-data 和密钥 client-key-data。

查询 User，使用 kubectl config get-users 命令，代码如下：

```
# kubectl config get-users
NAME
kubernetes-admin
```

创建 User，使用 kubectl config set-credentials 命令，代码如下：

```
# kubectl config set-credentials test
# kubectl config get-users
NAME
kubernetes-admin
test
```

设定 User 的证书和密钥。先使用 openssl 命令创建密钥和证书，然后使用 kubectl config set 命令进行设置。

创建密钥，代码如下：

```
# openssl genrsa -out a.key 2048
Generating RSA private key, 2048 bit long modulus
.....................+++
...............................+++
e is 65537 (0x10001)
```

创建签名请求文件，代码如下：

```
# openssl req -new -key a.key -out a.csr -subj "/CN=test/O=aaa"
```

生成证书，代码如下：

```
# openssl x509 -req -in a.csr -CA /etc/kubernetes/pki/ca.crt -CAkey /etc/kubernetes/pki/ca.key
-CAcreateserial -out a.crt -days 180
Signature ok
subject=/CN=test/O=aaa
Getting CA Private Key
```

设置用户，代码如下：

```
# clientcertificatedata=$(cat a.crt|base64 --wrap=0)
# clientkeydata=$(cat a.key | base64 --wrap=0)
# kubectl config set users.test.client-key-data $clientkeydata
Property "users.test.client-key-data" set.
# kubectl config set users.test.client-certificate-data $clientcertificatedata
Property "users.test.client-certificate-data" set.
```

进行查询，代码如下：

```
# kubectl config view
- name: test
  user:
    client-certificate-data: REDACTED
    client-key-data: REDACTED
```

删除 User，使用 kubectl config delete-user 命令。

绑定 User 与 Role。使用 RoleBinding 和 ClusterRoleBinding 实现 User 与 Role 的绑定。当 User 与 Role 绑定时，subjects.apiGroup 参数项的值必须是 rbac.authorization.k8s.io。

【例 5-48】绑定 User 与 Role 操作实例。代码如下：

```
subjects:
- kind: User
  name: username
  apiGroup: rbac.authorization.k8s.io
```

更简单的方法是使用命令绑定。

【例 5-49】使用命令绑定 User 与 Role 操作实例。代码如下：

```
# kubectl create rolebinding testrolebinding --role=pod-reader --user=test
rolebinding.rbac.authorization.k8s.io/testrolebinding created
# kubectl create clusterrolebinding testclusterrolebinding --clusterrole=pv-reader --user=test
```

```
clusterrolebinding.rbac.authorization.k8s.io/testclusterrolebinding created
```

在本例中，绑定了 pod-reader 和 pv-reader 模板文件，pod-reader 能访问 default 名字空间的 Pod，pv-reader 可以查询持久卷信息。pod-reader 和 pv-reader 模板文件的代码如下：

```
apiVersion: rbac.authorization.k8s.io/v1
kind: Role
metadata:
  namespace: default
  name: pod-reader
rules:
- apiGroups: [""]
  resources: ["pods"]
  verbs: ["get", "watch", "list"]
---
apiVersion: rbac.authorization.k8s.io/v1
kind: ClusterRole
metadata:
  name: pv-reader
rules:
- apiGroups: [""]
  resources: ["persistentvolumes"]
  verbs: ["get", "watch", "list"]
```

（4）Context。Config 中的 Contexts 定义了多个 Context（上下文），每个 Context 有对应的 Cluster 和 User。

创建 Context，使用 kubectl config set-context 命令，代码如下：

```
# kubectl config set-context test-context
Context "test-context" created.
```

查询 Context，使用 kubectl config get-contexts 命令，代码如下：

```
# kubectl config get-contexts
CURRENT   NAME                          CLUSTER      AUTHINFO          NAMESPACE
*         kubernetes-admin@kubernetes   kubernetes   kubernetes-admin
          test-context
```

设置 Context 的 Cluster 和 User，代码如下：

```
# kubectl config set contexts.test-context.cluster kubernetes
Property "contexts.test-context.cluster" set.
# kubectl config set contexts.test-context.user test
Property "contexts.test-context.user" set.
```

客户端工具访问 API Server 时，使用当前 Context 的信息进行认证。

查询当前 Context，代码如下：

```
# kubectl config current-context
kubernetes-admin@kubernetes
```

设置当前 Context，代码如下：

```
# kubectl config use-context test-context
Switched to context "test-context"
```

由于 test-context 中的 User 只与 pv-reader 和 pod-reader 绑定，所以只能查询 default 名字空间的 Pod，下面的结果证实了这一结论：

```
# kubectl get pods
NAME                                        READY   STATUS    RESTARTS   AGE
nfs-client-provisioner-54779c9d9f-8q98z     1/1     Running   8          8d
rbac-pod1                                   1/1     Running   1          12h
rbac-pod2                                   1/1     Running   1          12h
# kubectl get pods -A
```

Error from server (Forbidden): pods is forbidden: User "test" cannot list resource "pods" in API group "" at the cluster scope

▐▶ 5.9　资源管理

1．资源的种类

（1）Kubernetes 的资源包括以下几种类型。

- CPU：CPU 表达的是计算处理能力，其单位是 Kubernetes CPUs，可以使用 millicpu，简写为 m，如 100m。
- 内存：内存的默认单位是字节，可以使用 E、P、T、G、M、K 作为内存单位（此处为命令格式要求，实际代表 EB、PB、TB、GB、MB、KB）；也可以使用对应的 2 的指数，如 Ei、Pi、Ti、Gi、Mi、Ki。
- Huge Page 资源。
- API 资源。

（2）查询节点的资源。使用 kubectl describe node 命令可以查询节点的资源，代码如下：

```
# kubectl describe node <nodeName>
```

2．Pod 的资源 request 和 limit

Request 表示资源的需求量，是必须保证的最低值；limit 表示资源的上限量，是资源消耗的最高值。

（1）设定 Pod 的资源 request 和 limit。Pod 中的每个容器都可以使用以下参数项设定容器的资源 request 和 limit：

```
spec.containers.resources.limits.cpu
spec.containers.resources.limits.memory
spec.containers.resources.limits.hugepages-<size>
spec.containers.resources.requests.cpu
spec.containers.resources.requests.memory
spec.containers.resources.requests.hugepages-<size>
```

【例 5-50】设定 Pod 的资源 request 和 limit 操作实例。代码如下：

```
apiVersion: v1
kind: Pod
metadata:
  name: resource-pod-demo-1
  namespace: ns1
spec:
  containers:
  - name: app
    image: nginx:latest
    resources:
      requests:
        memory: "64Mi"
        cpu: "250m"
      limits:
        memory: "128Mi"
        cpu: "500m"
```

（2）调度带资源请求的 Pod。每个节点对每种资源类型都有一个容量上限：可以为 Pod 提供的 CPU 和内存量。对于每种资源类型，调度程序确保调度的容器的资源总需求量小于节点能提供的容量。

注意：尽管节点上的实际内存或 CPU 资源使用率非常低，但调度时使用的是资源总需求量，而不是资源实际总使用量，如果资源总需求量超过节点的容量，那么调度程序仍会拒绝在该节点上放置 Pod。

3. 资源配额

资源配额是针对名字空间中所有对象资源总量进行限制的对象。ResourceQuota 对象可以用于定义每个名字空间的资源消耗总量的限制。

使用资源配额的前提条件是必须启用资源配额的支持。资源配额的支持在很多 Kubernetes 版本中是默认启用的。当 API 服务器的命令行标志"--enable-admission-plugins="包含 ResourceQuota 时，资源配额就被启用了。如果没有启用资源配额，那么可以修改 API 服务器的配置文件 /etc/kubernetes/manifests/kube-apiserver.yaml。

【例 5-51】ResourceQuota 的操作实例。代码如下：

```
apiVersion: v1
kind: List
items:
- apiVersion: v1
  kind: ResourceQuota
  metadata:
    name: pods-high
  spec:
    hard:
      cpu: "1000"
      memory: 200Gi
      pods: "10"
    scopeSelector:
      matchExpressions:
      - operator : In
        scopeName: PriorityClass
        values: ["high"]
- apiVersion: v1
  kind: ResourceQuota
  metadata:
    name: pods-medium
  spec:
    hard:
      cpu: "10"
      memory: 20Gi
      pods: "10"
    scopeSelector:
      matchExpressions:
      - operator : In
        scopeName: PriorityClass
        values: ["medium"]
- apiVersion: v1
  kind: ResourceQuota
  metadata:
    name: pods-low
  spec:
    hard:
      cpu: "5"
      memory: 10Gi
      pods: "10"
```

```
scopeSelector:
  matchExpressions:
  - operator : In
    scopeName: PriorityClass
    values: ["low"]
```

资源配额的 scopeSelector 决定配额跟踪范围，scopeSelector 由 operator、scopeName 和 values 组成。

一个资源配额跟踪的对象消耗的资源总量不能超过资源配额的设定量，但不属于其跟踪范围的对象消耗的资源不会被统计进来。scopeSelector 的跟踪范围如表 5-2 所示。

表 5-2　scopeSelector 的跟踪范围

作用域 scopeName	描　　述	能跟踪的资源	可用 operator
Terminating	匹配所有 spec.activeDeadlineSeconds 不小于 0 的 Pod	pods，cpu，memory，requ	Exists
NotTerminating	匹配所有 spec.activeDeadlineSeconds 是 nil 的 Pod	ests.cpu，requests.memory，limits.cpu，limits.memory	Exists
BestEffort	匹配所有 Qos 是 BestEffort 的 Pod	pods	Exists
NotBestEffort	匹配所有 Qos 不是 BestEffort 的 Pod	pods，cpu，memory，requ	Exists
PriorityClass	所有引用了指定优先级的 Pods	ests.cpu，requests.memory，limits.cpu，limits.memory	In，NotIn，Exists，DoesNotExist

在 ResourceQuota 的操作实例中，创建了 3 个 ResourceQuota，它们的 scopeSelector.matchExpressions.scopeName 是 PriorityClass，这意味着它们跟踪 Pod 时会依据 Pod 的优先级。pods-high 对应优先级 high，所有优先级为 high 的 Pod 的资源总需求量不能超过 pods-high 的设定量；pods-medium 对应优先级 medium，所有优先级为 medium 的 Pod 的资源总需求量不能超过 pods-medium 的设定量；pods-low 对应优先级 low，所有优先级为 low 的 Pod 的资源总需求量不能超过 pods-low 的设定量。

【例 5-52】创建一个优先级为 high 的 Pod 操作实例。代码如下：

```
apiVersion: v1
kind: Pod
metadata:
  name: high-priority
spec:
  containers:
  - name: high-priority
    image: ubuntu
    command: ["/bin/sh"]
    args: ["-c", "while true; do echo hello; sleep 10;done"]
    resources:
      requests:
        memory: "10Gi"
        cpu: "500m"
      limits:
        memory: "10Gi"
        cpu: "500m"
  priorityClassName: high
```

由于该 Pod 的 priorityClassName（priorityClass 见 5.10）为 high，其使用的资源量将被记录在 pods-high 的资源配额中。可以使用如下代码进行查询：

```
# kubectl describe quota
Name:       pods-high
Namespace:  default
```

```
Resource          Used          Hard
--------          ----          ----
cpu               500m          1k
memory            10Gi          200Gi
pods              1             10


Name:             pods-low
Namespace:        default
Resource          Used          Hard
--------          ----          ----
cpu               0             5
memory            0             10Gi
pods              0             10


Name:             pods-medium
Namespace:        default
Resource          Used          Hard
--------          ----   ----
cpu               0             10
memory            0             20Gi
pods              0             10
```

4．LimitRange

（1）LimitRange 的功能。LimitRange 是在名字空间内限制 Pod 或 Container 的资源分配策略的对象。一个 LimitRange 对象提供的限制包括以下几点。

➢ 在一个名字空间中实施对单个 Pod 或 Container 的最小和最大资源使用量的限制。

➢ 在一个名字空间中实施对单个 PersistentVolumeClaim 能申请的最小存储空间和最大存储空间的限制。

➢ 在一个名字空间中实施对一种资源的申请值和限制值的比值的限制。

➢ 设置一个名字空间中对计算资源的默认申请值/限制值，并且在运行时将申请值/限制值自动注入每个 Container。

（2）LimitRange 的工作过程。

1）管理员在一个名字空间内创建一个 LimitRange 对象。

2）用户在名字空间内创建 Pod、Container 和 PersistentVolumeClaim 等资源。

3）LimitRanger 准入控制器对所有没有设置计算资源需求的 Pod 和 Container 设置默认值与限制值，并跟踪其使用量以保证没有超出名字空间中存在的所有 LimitRange 对象中的最小资源使用量、最大资源使用量及使用量比值。

4）若创建或更新资源（Pod、Container、PersistentVolumeClaim）违反了 LimitRange 的约束，则创建或更新资源的请求会失败，并返回 HTTP 状态码 403 FORBIDDEN 与描述某项约束被违反的消息。

5）若名字空间中的 LimitRange 启用了对 cpu 和 memory 的限制，那么用户必须指定这些值的需求使用量与限制使用量，否则，系统将会拒绝创建 Pod。

6）LimitRange 的验证仅在 Pod 预备（pending）阶段进行，不对正在运行的 Pod 进行验证。

（3）LimitRange 和资源配额的比较。LimitRange 限制的是名字空间内对象（Pod、Container、PersistentVolumeClaim）个体的资源使用量。资源配额限制的是名字空间内所有跟踪对象资源总使用量。

【例 5-53】为名字空间配置 CPU 最小约束和最大约束的操作实例。

创建名字空间，代码如下：

```
# kubectl create namespace constraints-cpu-example
```

创建 LimitRange，代码如下：

```
# vi LimitRangedemo.yaml
apiVersion: v1
kind: LimitRange
metadata:
  name: cpu-min-max-demo-lr
spec:
  limits:
  - max:
      cpu: "800m"
    min:
      cpu: "200m"
    type: Container
# kubectl apply -f LimitRangedemo.yaml --namespace=constraints-cpu-example
```

查看 LimitRange 详情，代码如下：

```
# kubectl get limitrange cpu-min-max-demo-lr -o yaml -n constraints-cpu-example
……
limits:
- default:
    cpu: 800m
  defaultRequest:
    cpu: 800m
  max:
    cpu: 800m
  min:
    cpu: 200m
  type: Container
```

创建 Pod，代码如下：

```
#vi pod1.yaml
apiVersion: v1
kind: Pod
metadata:
  name: constraints-cpu-demo
spec:
  containers:
  - name: constraints-cpu-demo-ctr
    image: nginx
    resources:
      limits:
        cpu: "800m"
      requests:
        cpu: "500m"
# kubectl apply -f pod1.yaml --namespace=constraints-cpu-example
```

查看 Pod 的详情，代码如下：

```
# kubectl get pod constraints-cpu-demo -o yaml -n constraints-cpu-example
resources:
  limits:
    cpu: 800m
  requests:
    cpu: 500m
```

创建一个超过最大 CPU 限制的 Pod，代码如下：

```
# vi pod2.yaml
apiVersion: v1
kind: Pod
metadata:
  name: constraints-cpu-demo-2
spec:
  containers:
  - name: constraints-cpu-demo-2-ctr
    image: nginx
    resources:
      limits:
        cpu: "1.5"
      requests:
        cpu: "500m"
# kubectl apply -f pod2.yaml --namespace=constraints-cpu-example
Error from server (Forbidden): error when creating " pod2.yaml":
pods "constraints-cpu-demo-2" is forbidden: maximum cpu usage per Container is 800m, but limit is 1500m.
```

创建一个不满足最小 CPU 请求的 Pod，代码如下：

```
# vi pod3.yaml
apiVersion: v1
kind: Pod
metadata:
  name: constraints-cpu-demo-3
spec:
  containers:
  - name: constraints-cpu-demo-3-ctr
    image: nginx
    resources:
      limits:
        cpu: "800m"
      requests:
        cpu: "100m"
# kubectl apply -f pod3.yaml --namespace=constraints-cpu-example
Error from server (Forbidden): error when creating " pod3.yaml":
pods "constraints-cpu-demo-4" is forbidden: minimum cpu usage per Container is 200m, but request is 100m.
```

创建一个没有声明 CPU 请求和 CPU 限制的 Pod，代码如下：

```
# cat pod4.yaml
apiVersion: v1
kind: Pod
metadata:
  name: constraints-cpu-demo-4
spec:
  containers:
  - name: constraints-cpu-demo-4-ctr
    image: vish/stress
# kubectl apply -f pod4.yaml --namespace=constraints-cpu-example
```

查看 Pod 的详情，代码如下：

```
# kubectl get pod constraints-cpu-demo-4 -n constraints-cpu-example -o yaml
resources:
  limits:
    cpu: 800m
  requests:
    cpu: 800m
```

5.10　Pod 调度

1．Pod 调度

Pod 调度的目的是将 Pod 分配到符合条件的节点上运行。 kube-scheduler 是 Kubernetes 集群的默认调度器，是集群控制面的一个组件。

kube-scheduler 的调度流程如下。

➤ 过滤阶段：将所有满足 Pod 调度需求的 Node 选出来。

➤ 打分阶段：根据当前启用的打分规则，调度器会给每个可调度节点进行打分。

➤ 调度阶段：kube-scheduler 会将 Pod 调度到得分最高的 Node 上。

2．标签选择算符

标签选择算符可以指定 Pod 只能在特定的节点上运行。使用标签选择算符实现 Pod 调度的方法和步骤如下。

（1）添加标签到节点，代码如下：

```
# kubectl label node <nodeName> Key1=Val1 [Key2=Val2…]
```

（2）添加 nodeSelector 参数项到 Pod 模板文件中。pod.spec.nodeSelector 参数项可以指定 Pod 运行的节点。

【例 5-54】使用标签选择算符实现 Pod 调度操作实例。代码如下：

```
apiVersion: v1
kind: Pod
metadata:
  name: nginx
  labels:
    env: test
spec:
  containers:
  - name: nginx
    image: nginx
    imagePullPolicy: IfNotPresent
  nodeSelector:
    disktype: ssd
```

3．NodeName

pod.spec.nodeName 参数项可以直接设置 Pod 运行的节点名称。

4．节点亲和性

（1）设置节点亲和性。节点亲和性是实现节点调度的重要方法。节点亲和性包括以下两种类型。

➤ requiredDuringSchedulingIgnoredDuringExecution：指定将 Pod 调度到一个节点上必须满足的规则，不影响运行中的 Pod。

➤ preferredDuringSchedulingIgnoredDuringExecution：指定调度器尽量尝试调度，但不保证一定能完成调度，不影响运行中的 Pod。

节点亲和性通过 Pod.Spec.affinity.nodeAffinity 参数项指定。

【例 5-53】设置节点亲和性操作实例。代码如下：

```
apiVersion: v1
kind: Pod
```

```
metadata:
  name: with-node-affinity
spec:
  affinity:
    nodeAffinity:
      requiredDuringSchedulingIgnoredDuringExecution:
        nodeSelectorTerms:
        - matchExpressions:
          - key: kubernetes.io/e2e-az-name
            operator: In
            values:
            - e2e-az1
            - e2e-az2
      preferredDuringSchedulingIgnoredDuringExecution:
      - weight: 1
        preference:
          matchExpressions:
          - key: another-node-label-key
            operator: In
            values:
            - another-node-label-value
  containers:
  - name: with-node-affinity
    image: k8s.gcr.io/pause:2.0
```

在本例中，使用了 In 操作符。节点亲和性支持的操作符有 In（包含）、NotIn（不包含）、Exists（存在）、DoesNotExist（不存在）、Gt（大于）和 Lt（小于）。

（2）节点亲和性调度规则。节点亲和性调度规则如下。

1）如果同时指定了 nodeSelector 和 nodeAffinity，两者必须都满足，才能将 Pod 调度到候选节点上。

2）如果指定了多个与 nodeAffinity 类型关联的 nodeSelectorTerms，那么假设其中一个 nodeSelectorTerms 满足，则 Pod 可以被调度到节点上。

3）如果指定了多个与 nodeSelectorTerms 关联的 matchExpressions，则只有当所有 matchExpressions 满足时，Pod 才可以被调度到节点上。

4）如果修改或删除 Pod 被调度到的节点的标签，那么 Pod 不会被删除。换句话说，节点亲和性只影响 Pod 的调度，不影响 Pod 的运行。

5）preferredDuringSchedulingIgnoredDuringExecution 中的 weight 的取值范围是 1～100。对于每个符合调度要求（资源请求、RequiredDuringScheduling 亲和性表达式等）的节点，调度器将遍历该参数项的元素来计算总和，并且如果节点匹配对应的 MatchExpressions，则添加"权重"到总和；然后将这个评分与该节点的其他优先级函数的评分进行组合；总分最高的节点是最优选的。

5. Pod 亲和性与反亲和性

Pod 亲和性与反亲和性描述 Pod 的亲和关系和排斥关系，决定哪些 Pod 可以在同一节点上运行。与节点的亲和性类似，Pod 间的亲和性与反亲和性有两种类型，分别如下。

➢ requiredDuringSchedulingIgnoredDuringExecution。

➢ preferredDuringSchedulingIgnoredDuringExecution。

Pod 亲和性通过 pod.spec.affinity.podAffinity 参数项设置。而 Pod 反亲和性通过 pod.spec.affinity.podAntiAffinity 参数项设置。

【例 5-56】Pod 亲和性操作实例。代码如下：

```
apiVersion: v1
kind: Pod
metadata:
  name: pod-affinity-1
  labels:
      app: pod-affinity
spec:
  nodeName: master
  containers:
  - name: pod-affinity-1
    image: 192.168.9.10/library/busybox
    args: ["sleep","infinity"]


---

apiVersion: v1
kind: Pod
metadata:
  name: pod-affinity-2
  labels:
      app: pod-affinity
spec:
  affinity:
      podAffinity:
          requiredDuringSchedulingIgnoredDuringExecution:
          - labelSelector:
              matchExpressions:
            - key: app
                operator: In
                values:
                - pod-affinity
            topologyKey: kubernetes.io/hostname
  containers:
  - name: pod-affinity-2
    image: 192.168.9.10/library/busybox
    args: ["sleep","infinity"]
```

【例 5-57】Pod 反亲和性操作实例。代码如下：

```
apiVersion: v1
kind: Pod
metadata:
  name: pod-affinity-3
  labels:
      app: pod-affinity
spec:
  nodeName: master
  containers:
  - name: pod-affinity-3
    image: 192.168.9.10/library/busybox
    args: ["sleep","infinity"]


---

apiVersion: v1
```

```
kind: Pod
metadata:
  name: pod-affinity-4
  labels:
    app: pod-affinity
spec:
  affinity:
    podAntiAffinity:
      requiredDuringSchedulingIgnoredDuringExecution:
      - labelSelector:
          matchExpressions:
          - key: app
            operator: In
            values:
            - pod-affinity
        topologyKey: kubernetes.io/hostname
  containers:
  - name: pod-affinity-4
    image: 192.168.9.10/library/busybox
    args: ["sleep","infinity"]
```

说明：

- 对于 Pod 亲和性和反亲和性而言，在 requiredDuringSchedulingIgnoredDuringExecution 和 preferredDuringSchedulingIgnoredDuringExecution 中，topologyKey 可以是任意合法的节点标签键，但不能为空；对于 requiredDuringSchedulingIgnoredDuringExecution 要求的 Pod 反亲和性，如果启用准入控制器 LimitPodHardAntiAffinityTopology（在 Kubernetes 配置中进行设置），topologyKey 只能是 kubernetes.io/hostname。
- 除了 labelSelector 和 topologyKey，还可以指定名字空间的 namespaces 队列，labelSelector 也应该匹配它。

6．污点和容忍度

污点（Taint）使 Pod 能够排斥一类特定的节点。在 Pod 中可以设置容忍度（Tolerations），允许 Pod 被调度到带有与之匹配的污点的节点上。

可以给一个节点添加多个污点，也可以给一个 Pod 添加多项容忍度设置。污点和容忍度相互配合，可用于避免 Pod 被调度到不合适的节点上。

（1）节点的污点。

1）查询节点的污点。

kubectl escribe node 命令可以查询节点的污点，代码如下：

```
# kubectl describe node master
Name:          master
Roles:         control-plane,master
Labels:        ……
Annotations:   ……
……
Taints:        <none>
```

2）给节点增加一个污点，代码如下：

```
# kubectl taint nodes node1 key1=value1:effect
```

说明：

- 污点的表示形式为 Key=Value:effect。

- effect 可以是 NoSchedule、PreferNoSchedule、NoExecute。
    - NoSchedule：表示不要把 Pod 调度到该节点，不影响已运行的 Pod。
    - PreferNoSchedule：表示尽量不要把 Pod 调度到该节点。
    - NoExecute：不能在该节点上运行。

3）移除节点的污点，代码如下：

 # kubectl taint nodes node1 key1=value1:effect-

（2）Pod 的容忍度。可以在 pod.spec.tolerations 参数项中定义 Pod 的容忍度，代码如下：

```
apiVersion: v1
kind: Pod
metadata:
  name: nginx
  labels:
    env: test
spec:
  containers:
  - name: nginx
    image: nginx
    imagePullPolicy: IfNotPresent
  tolerations:
  - key: "example-key"
    operator: "Exists"
    effect: "NoSchedule"
```

在容忍度的定义中，operator 可以是 Exists（存在）或 Equal（相等），operator 的默认值是 Equal。当 operator 是 Exists 时，容忍度无须指定 value；当 operator 是 Equal 时，则应指定 value。

（3）基于污点和容忍度的调度。

1）污点和容忍度的匹配。当 operator 是 Exists 时，如果键名和效果一样，则容忍度和污点是匹配的；当 operator 是 Equal 时，除键名和效果一样外，value 的值也应该相等，容忍度和污点才是匹配的。

如果容忍度的 key 为空且 operator 为 Exists，则表示这个容忍度与任意的 key、value 和 effect 都匹配，即这个容忍度能容忍任意污点。

如果 effect 为空，则可以与所有键名相同的效果匹配。

2）调度。Kubernetes 处理多个污点和容忍度的过程就像一个过滤器。从一个节点的所有污点开始遍历，过滤掉那些在 Pod 中能匹配到的容忍度的污点。余下未被过滤的污点的 effect 值决定了 Pod 是否会被调度到该节点，原则如下。

- 如果在未被过滤的污点中存在至少一个 effect 值为 NoSchedule 的污点，则 Kubernetes 不会将 Pod 调度到该节点。
- 如果在未被过滤的污点中不存在 effect 值为 NoSchedule 的污点，但是存在 effect 值为 PreferNoSchedule 的污点，则 Kubernetes 会尽量不将 Pod 调度到该节点。
- 如果在未被过滤的污点中存在至少一个 effect 值为 NoExecute 的污点，则 Kubernetes 不会将 Pod 调度到该节点；如果 Pod 已经在节点上运行，则 Pod 将从该节点上被驱逐。

7．优先级和抢占

（1）优先级（PriorityClass）。当调度 Pod 时，如果节点的资源无法满足，则有可能出现抢占现象。Pod 的优先级（PriorityClass）及优先级的抢占策略决定是否能抢占，以及驱逐哪个 Pod。Pod 与 PriorityClass 的关系如图 5-8 所示。

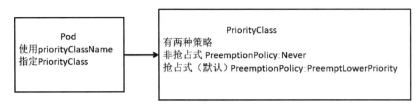

图 5-8　Pod 与 PriorityClass 的关系

PriorityClass 是一种资源，其参数项 value 是一个不大于 10 亿的整数，value 值越大，优先级越高；其参数项 preemptionPolicy 决定了抢占策略，preemptionPolicy 可能的值是 Never 和 PreemptLowerPriority，默认是 PreemptLowerPriority；PriorityClass 的 globalDefault 参数项如果设置为 true，那么该 PriorityClass 将成为系统默认的 PriorityClass，系统只能有一个默认的 PriorityClass。

Pod 通过 pod.spec.priorityClassName 参数项指定优先级。如果没有 priorityClassName，Pod 使用系统默认的 PriorityClass；如果系统不存在默认的 PriorityClass，则 Pod 的优先级为零。

【例 5-58】PriorityClass 操作实例。代码如下：

```
apiVersion: scheduling.k8s.io/v1
kind: PriorityClass
metadata:
  name: high-priority-nonpreempting
value: 1000000
preemptionPolicy: Never
globalDefault: false
---
apiVersion: scheduling.k8s.io/v1
kind: PriorityClass
metadata:
  name: high-priority
value: 1000000
globalDefault: false
```

在本例中，high-priority-nonpreempting 是非抢占式 PriorityClass，high-priority 是抢占式 PriorityClass。

【例 5-59】Pod 使用 PriorityClass 操作实例。代码如下：

```
apiVersion: v1
kind: Pod
metadata:
  name: nginx
  labels:
    env: test
spec:
  containers:
  - name: nginx
    image: nginx
    imagePullPolicy: IfNotPresent
  priorityClassName: high-priority
```

（2）Pod 优先级对调度顺序的影响规则。当启用 Pod 优先级时，调度程序会按优先级对预备（pending）状态的 Pod 进行排序。如果满足调度要求，较高优先级的 Pod 会比具有较低优先级的 Pod 更早调度。

（3）抢占。Pod 被创建后会进入队列等待调度，调度器从队列中挑选一个 Pod 并尝试将它调度到某个节点上。如果没有找到满足 Pod 要求的节点，且 Pod 的 PriorityClass 是抢占式的，则触发对 Pending 状态 Pod 的抢占逻辑。

将正在被调度的 Pod 称为 P，抢占逻辑试图找到一个节点，在该节点中删除一个或多个优先级低于 P 的 Pod，则可以将 P 调度到该节点上。如果找到这样的节点，一个或多个优先级较低的 Pod 会从节点中被驱逐。被驱逐的 Pod 消失后，P 可以被调度到该节点上。

▐▶ 5.11　综合应用：部署 Wordpress

1．Wordpress 应用介绍

Wordpress 是一个博客系统，由一个前端网站和后端数据库组成。Wordpress 应用架构如图 5-9 所示。

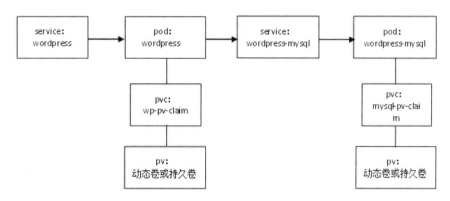

图 5.9　Wordpress 应用架构

前端网站由 pod: wordpress 实现，使用镜像 Wordpress 创建。

后端数据库由 pod: wrodpress-mysql 实现，使用镜像 mysql 创建。

pod: wordpress 和 pod: wrodpress-mysql 都通过持久卷申明使用持久卷。

wordpress 通过 service: wrodpress-mysql 访问后端 mysql 数据库。

service: wrodpress 将 Wordpress 暴露给外网访问。

2．部署过程

整个部署过程分为以下几步。

- 创建 secret。
- 创建存储卷。
- 创建 mysql 数据库。
- 创建 Wordpress 应用。
- 测试。

3．创建 secret

创建 secret，代码如下：

```
# kubectl create secret generic mysql-pass --from-literal=password="123456"
```

4．创建存储卷

Wordpress 系统的存储方案有以下两种，我们可以任选其一。

（1）动态卷。按照 5.3.3 节介绍的设置 NFS 动态卷的方法，手动设置动态卷。

（2）持久卷。按照 1.2.3 节介绍的方法，配置好 NFS 服务器。然后使用以下模板文件创建两

个 pv，代码如下：

```
# vi wordpress-pv.yaml
apiVersion: v1
kind: PersistentVolume
metadata:
  name: pv-1
spec:
  capacity:
    storage: 2Gi
  persistentVolumeReclaimPolicy: Retain
  accessModes:
  - ReadWriteOnce
  - ReadOnlyMany
  nfs:
    server: 192.168.9.10
    path: /share


---

apiVersion: v1
kind: PersistentVolume
metadata:
  name: pv-2
spec:
  capacity:
    storage: 3Gi
  persistentVolumeReclaimPolicy: Retain
  accessModes:
  - ReadWriteOnce
  - ReadOnlyMany
  nfs:
    server: 192.168.9.10
path: /share
```

5. 创建 mysql 数据库

（1）创建模板文件。

说明：

- 如果使用动态卷，则 storageClassName 为"managed-nfs-storage"，其中，managed-nfs-storage 是存储类的名称。
- 如果使用预创建的持久卷，则 storageClassName 为""。

创建模板文件的代码如下：

```
# vi mysql-deployment.yaml
apiVersion: v1
kind: Service
metadata:
  name: wordpress-mysql
  labels:
    app: wordpress
spec:
  ports:
    - port: 3306
  selector:
    app: wordpress
```

```
        tier: mysql
    clusterIP: None
---
apiVersion: v1
kind: PersistentVolumeClaim
metadata:
    name: mysql-pv-claim
    labels:
        app: wordpress
spec:
    storageClassName: "managed-nfs-storage"
    accessModes:
    - ReadWriteOnce
    resources:
        requests:
            storage: 2Gi
---
apiVersion: apps/v1
kind: Deployment
metadata:
    name: wordpress-mysql
    labels:
        app: wordpress
spec:
    selector:
        matchLabels:
            app: wordpress
            tier: mysql
    strategy:
        type: Recreate
    template:
        metadata:
            labels:
                app: wordpress
                tier: mysql
        spec:
            containers:
            - image: mysql:5.6
                name: mysql
                env:
                - name: MYSQL_ROOT_PASSWORD
                    valueFrom:
                        secretKeyRef:
                            name: mysql-pass
                            key: password
                ports:
                - containerPort: 3306
                    name: mysql
                volumeMounts:
                - name: mysql-persistent-storage
                    mountPath: /var/lib/mysql
            volumes:
            - name: mysql-persistent-storage
                persistentVolumeClaim:
                    claimName: mysql-pv-claim
```

（2）创建 mysql 数据库，代码如下：

```
# kubectl apply -f mysql-deployment.yaml
```

6．创建 Wordpress 应用

（1）创建模板文件。

说明：

- 如果使用动态卷，则 storageClassName 为"managed-nfs-storage"，其中，managed-nfs-storage 是存储类的名称。
- 如果使用预创建的持久卷，则 storageClassName 为 ""。

创建模板文件的代码如下：

```
# vi wordpress-deployment.yaml
apiVersion: v1
kind: Service
metadata:
  name: wordpress
  labels:
    app: wordpress
spec:
  type: NodePort
  ports:
  - port: 80
    targetPort: 80
    nodePort: 30888
  selector:
    app: wordpress
    tier: frontend
---
apiVersion: v1
kind: PersistentVolumeClaim
metadata:
  name: wp-pv-claim
  labels:
    app: wordpress
spec:
  accessModes:
    - ReadWriteOnce
  resources:
    requests:
      storage: 3Gi
  storageClassName: "managed-nfs-storage"
---
apiVersion: apps/v1
kind: Deployment
metadata:
  name: wordpress
  labels:
    app: wordpress
spec:
  selector:
    matchLabels:
      app: wordpress
      tier: frontend
  strategy:
```

```
      type: Recreate
   template:
      metadata:
        labels:
            app: wordpress
            tier: frontend
      spec:
        containers:
        - image: wordpress
          name: wordpress
          env:
          - name: WORDPRESS_DB_HOST
             value: wordpress-mysql
          - name: WORDPRESS_DB_PASSWORD
             valueFrom:
                secretKeyRef:
                   name: mysql-pass
                   key: password
          ports:
          - containerPort: 80
             name: wordpress
          volumeMounts:
          - name: wordpress-persistent-storage
             mountPath: /var/www/html
        volumes:
        - name: wordpress-persistent-storage
          persistentVolumeClaim:
             claimName: wp-pv-claim
```

（2）创建 Wordpress 应用，代码如下：

 # kubectl apply -f wordpress-deployment.yaml

7．访问 Wordpress

在浏览器的地址栏中输入 http://<IP of Node>:30888。

参 考 文 献

[1] LUKSA M．Kubernetes in Action 中文版[M]．七牛容器云团队，译．北京：电子工业出版社，2019.

[2] 龚正，吴治辉，崔秀龙，等．Kubernetes 权威指南[M]．北京：电子工业出版社，2019.

[3] 浙江大学 SEL 实验室．Docker 容器与容器云[M]．2 版．北京：人民邮电出版社，2016.

[4] RADEZ D．OpenStack Essentials[M]．Birmingham：Packt Publishing，2015.

[5] DORN M．Preparing for the Certified OpenStack Administrator Exam: A complete guide for developers taking tests conducted by the OpenStack Foundation[M]．Birmingham：Packt Publishing，2017.

[6] SILVERMAN B．OpenStack for Architects: Design production-ready private cloud infrastructure[M]．2nd Edition．Birmingham：Packt Publishing，2018.

[7] DENTON J．Learning OpenStack Networking: Build a solid foundation in virtual networking technologies for OpenStack-based clouds[M]．3rd Edition．Birmingham：Packt Publishing，2018.